# LES MATHÉMATIQUES
# MODE D'EMPLOI

Gilles Godefroy

# LES MATHÉMATIQUES MODE D'EMPLOI



Odile Jacob

15, rue Soufflot, 75005 Paris

www.odilejacob.fr

ISBN 978-2-7381-2322-0

# AVANT-PROPOS

Les mathématiques, qu'est-ce que c'est ? Si vous lisez cette page, c'est sans doute que cette question vous intrigue. Peut-être disposez-vous déjà de quelques réponses, que vous voudriez approfondir. Ou peut-être voulez-vous mieux comprendre comment s'utilise cette discipline, au-delà de son importance scolaire. Pourquoi fait-on des mathématiques ? Pour qui ? Et comment ?

C'est ce questionnement qui est à l'origine de ce livre. On y trouve donc quelques exemples précis de l'usage des mathématiques. Inversement, les mathématiques ne constituent pas une activité singulière, qu'il faille mettre à part de tout le reste : nous verrons comment, à leur tour, elles utilisent sans cesse les données du monde qui nous entoure.

Vous êtes invités à emprunter un chemin de traverse, où seront abordés des domaines très variés. Je ne suis ni philosophe, ni physicien, ni astronome, ni biologiste, ni financier, ni historien. Ces disciplines seront pourtant sollicitées, et je remercie d'avance les spécialistes de bien vouloir être indulgents. Nous nous permettrons d'ailleurs quelques digressions : par exemple, comment parler de la symétrie sans l'évoquer dans toutes ses instances ? Comment situer un progrès mathématique dans un cadre culturel sans dire quelques mots de ce cadre ? Mais notre toile de fond restera les mathématiques, qui fournissent une grille de lecture polyvalente et assez peu employée pour des raisons de complexité technique. Je propose au lecteur d'utiliser cette grille, en espérant lui faire découvrir quelques points de vue inhabituels, quelques analogies nouvelles.

Ce livre contient peu d'opinions, mais il contient des idées. Je ne prétends pas que toutes ces idées soient bonnes ; elles sont avant tout des pistes de réflexion, et c'est au lecteur de déterminer si ces pistes mènent quelque part. Quelques-unes d'entre elles sont personnelles, au sens où elles ne proviennent pas de lectures, de conférences ou de conversations préalables. Ce livre n'est pas consacré à ma spécialité : je ne suis donc pas en mesure d'affirmer que ces idées personnelles sont originales, et il est probable qu'elles ont déjà été formulées par d'autres. Je me borne à espérer que mon travail ne contient pas que des citations. Mais l'essentiel n'est pas là, il est dans l'usage que le lecteur peut faire de ce livre pour son propre questionnement et aussi, je l'espère, pour son propre délassement.

Dans toute la mesure du possible, chaque affirmation est étayée ou illustrée par un exemple précis, souvent numérique car les mathématiques s'intéressent au quantitatif autant qu'au qualitatif. Il se peut que le lecteur soit surpris, voire déstabilisé, par certaines mises en question. Mais c'est le propre de tout ouvrage qui aborde les sciences du point de vue provocant de la recherche.

Les mathématiques contemporaines sont complexes. Elles exigent un minimum de technique. Cet ouvrage est très hétérogène à cet égard : certaines sections ne devraient pas nécessairement ennuyer les collègues, quand d'autres ne demandent aucune connaissance mathématique car elles sont avant tout historiques. En effet, ce que nous savons des mathématiques d'autrefois ne nous est pas parvenu par miracle, mais par des textes dont l'aventure mouvementée mérite d'être racontée. Leurs auteurs sont faits de chair et de sang. Leur vie ici rappelée témoigne du fait évident que ce ne sont pas de purs esprits.

Jorge Luis Borges choisit bien son exemple quand il écrit dans *La Bibliothèque de Babel* : « Je le répète : il suffit qu'un livre soit concevable pour qu'il existe. Ce qui est impossible est seul exclu. Par exemple : aucun livre n'est aussi une échelle, bien que sans doute il y ait des livres qui discutent, qui nient et qui démontrent cette possibilité, et d'autres dont la structure a quelque rapport avec celle d'une échelle. » Cette comparaison convient à la rédaction de certains cours : chaque chapitre s'appuie sur le chapitre précédent, et le lecteur s'élève progressivement dans la connaissance. Mais elle ne s'applique nullement au présent livre, qui est semblable à un arbre. Le lecteur peut le parcourir à sa guise, sans hésiter à sauter d'une branche qui n'éveillerait pas son intérêt vers une autre. Cet arbre est assez fourni pour ne pas être une occasion de chute.

## *Mode d'emploi des* Mathématiques, mode d'emploi

Il est bien clair que ce livre doit son titre à celui d'un des chefs-d'œuvre de Georges Perec (1936-1982), *La Vie mode d'emploi*. Un point commun entre les deux ouvrages est leur division en sections indépendantes, diverses mais reliées. Georges Perec s'est imposé des contraintes combinatoires, arbitraires mais non aléatoires, suivant les pratiques du groupe Oulipo (« Ouvroir de littérature potentielle ») dont il était membre. Les mathématiques elles-mêmes fournissent la trame qui formate le présent livre selon quelques grands thèmes. La difficulté technique ne croît pas avec les pages, et la structure en sections indépendantes est préservée. Ce livre est donc un canevas sur lequel le lecteur est invité à se déplacer librement.

La plupart des sections peuvent être utilisées comme une esquisse pour une conférence généraliste d'une heure devant un public raisonnablement ouvert aux mathématiques, situé suivant le niveau de ces sections entre bac – 3 et bac + 4. J'espère donc que les collègues qui se consacrent à la tâche importante de populariser les mathématiques pourront employer ces textes. Certains paragraphes de ce livre contiennent une phrase en italique qui en résume le contenu, proposé à la réflexion du lecteur.

Les éditions Odile Jacob ont déjà publié un ouvrage du même auteur, intitulé *L'Aventure des nombres*. Ce second livre n'est ni un complément ni une suite du premier. Un effort a été fait pour éviter les redites. Lorsqu'il arrive que le sujet abordé soit tangent à un passage du premier livre, le chapitre correspondant est mentionné avec l'abréviation *AdN*.

Ces dernières années ont révolutionné l'accès à la connaissance. Désormais, nous pouvons obtenir en quelques clics, et sur n'importe quel sujet, des informations qui demandaient voici vingt ans de longues recherches dans des bibliothèques spécialisées. Il faut bien sûr prendre ces informations avec prudence, mais il demeure qu'on ne peut plus écrire un livre de mathématiques comme on l'aurait fait au XX^e^ siècle. Le présent ouvrage intègre de diverses façons le fait que tout son public utilise la Toile, et n'a nul besoin qu'on lui répète les informations qu'il peut y trouver. C'est donc un travail transversal, quand un bon usage d'Internet pour les mathématiques conduit plus naturellement à des connaissances pointues. Les concepts et les chercheurs sont précisément nommés. Ces noms servent de pistes d'apprentissage : le lecteur peut facilement les utiliser comme points de départ pour surfer un peu et compléter ses connaissances sur tel ou tel sujet. Enfin, les moteurs de recherche sont des outils superbes qui nous donnent accès à bien des réponses. Mais ils ne nous questionnent pas. Ce livre s'y emploie.

## *Remerciements*

Ce livre a bénéficié d'innombrables conversations avec des collègues et amis. Je ne peux en établir la liste, mais désire cependant leur exprimer toute ma gratitude. Cinq personnes ont bien voulu lire en détail des versions préliminaires du texte. Leurs commentaires critiques mais constructifs ont été extrêmement précieux, et ce livre leur doit beaucoup. Je remercie donc très vivement Omer Adelman, Noémi Godefroy, Yves Godefroy, Jean-François Serval et Michel Talagrand. Mon épouse Michèle a supporté patiemment la présence envahissante du livre, et je lui dois un élément capital : le titre. Notre fille Clémence, qui se consacre plus vaillamment que moi-même à l'écriture et à la traduction, a été pour moi un exemple.

Mon employeur, le Centre national de la recherche scientifique, a pour principe de faire confiance à ses chercheurs et de leur laisser la responsabilité de leur emploi du temps. J'ai donc pu consacrer tout le temps nécessaire à la réalisation de cet ouvrage. Les Éditions Odile Jacob ont bien voulu accueillir mon projet dans leurs prestigieuses collections, et j'ai bénéficié de toute l'attention de Jean-Luc Fidel.

Pendant vingt-cinq ans, j'ai eu ce privilège d'être l'un des collaborateurs de Nigel Kalton. Son talent mathématique était à la mesure de sa générosité, immense. Ses élèves et ses collègues savent qu'ils ont eu la chance de croiser un géant. Nigel est décédé le 31 août 2010, juste avant que ce livre – que j'aurais été si heureux de lui montrer – ne soit achevé. Je le lui dédie en témoignage de ma gratitude, de mon admiration et de mon amitié.

Paris, novembre 2010

CHAPITRE PREMIER

# L'UNIVERS QUADRATIQUE

Toutes et tous, nous avons découvert les mathématiques à l'école primaire. Mais notre enfance préférait à ces cinq syllabes intimidantes, émaillées de consonnes, l'abréviation « maths » ou l'usage de mots plus proches du quotidien : le calcul, la géométrie. Saisissions-nous alors le lien profond qui unit ces deux activités d'allures si différentes : calculer une surface ou un volume, et effectuer des multiplications ? Un peu sans doute. Pourtant une vie de réflexion ne suffit pas à épuiser la richesse des liens qui unissent nombres et grandeurs : nous le constaterons au gré de ce livre. Commençons modestement, par les tout premiers pas.

## *La révolution néolithique*

L'état actuel de nos connaissances suggère que les plus anciennes mathématiques, au sens où nous l'entendons aujourd'hui, sont contemporaines des débuts de l'agriculture, et donc de la révolution néolithique. On désigne ainsi la transition qui a fait passer l'humanité du stade des chasseurs-cueilleurs à celui des agriculteurs. Ce changement capital s'est produit indépendamment dans l'Ancien Monde et sur le continent américain, sans être universel pourtant : les Indiens d'Amérique du Nord, les tribus amazoniennes, les aborigènes australiens n'y ont été exposés qu'à l'époque moderne, le plus souvent dans la violence. Quelques groupes humains très isolés, rarissimes et vulnérables, y sont restés étrangers jusqu'à aujourd'hui.

Esquissons quelques aspects de cette transition. L'accès aux protéines végétales, à la viande d'élevage et au lait fourni par le troupeau diminuent la mortalité infantile et augmentent la fertilité maternelle. La sédentarisation évite aux plus faibles des migrations épuisantes. L'agriculture améliore le rendement alimentaire et diminue les aléas. La population augmente donc rapidement, et un déséquilibre démographique écrasant s'instaure avec les peuples restés au stade paléolithique. La révolution néolithique invente la ville, et avec elle les premiers empires centralisés mais aussi, sans doute, les premières guerres pour s'assurer le contrôle des sols fertiles, en attendant de se battre de plus belle pour les sous-sols. Cette nouvelle vision du monde fait de ce changement de pente démographique un reflet de la volonté du Créateur : croissez et multipliez-vous, peuplez la terre et soumettez-la, proclame la Bible. Voici que naissent les religions issues de la pratique de l'élevage, chargées de tabous portant, bien logiquement, sur les viandes domestiques et sur le lait, ou sacralisant la vache à qui nous devons tant. Et les communautés se structurent en castes : producteurs, guerriers, prêtres-rois.

Nous sommes restés les héritiers de cette révolution néolithique : les mouvements de pensée qu'elle a suscités n'ont pas encore été dépassés, l'agriculture et l'élevage restent avec la pêche la source principale de notre nutrition. La révolution suivante consistera peut-être à améliorer encore le rendement et à diminuer les aléas en consommant des aliments artificiels, concoctés en usine par de savants chimistes. Ce pas n'est pas encore franchi, même si quelques prémices en sont perceptibles dans les sociétés contemporaines les plus technologiques. Parmi nos contemporains, nombreux sont ceux que cette perspective scandalise. Seront-ils balayés par plus efficaces qu'eux, comme l'ont été les paléolithiques ? Et les aliments naturels sont-ils appelés à n'être bientôt plus que des produits de luxe ? Pensons-y quand un repas de fête nous offre du gibier accompagné de baies, ultime hommage à nos ancêtres chasseurs-cueilleurs. Et revenons aux mathématiques que leurs enfants ont fait naître.

## *Le rectangle*

Les hommes qui ont peint Lascaux, voici plus de quinze mille ans, étaient comme nous des *Homo sapiens*. Tout porte à croire qu'ils avaient des moyens intellectuels identiques aux nôtres. On conjecture que nos lointains ancêtres pratiquaient quelques dénombrements élémentaires : des os entaillés retrouvés en Europe et en Afrique, vieux de deux cents à trois cents siècles, sont vraisemblablement des traces de comptes archaïques. Cependant, aucun document archéologique ne témoigne d'une mathématique qui dépasserait l'usage des nombres entiers inférieurs à la centaine. De plus, si l'on peut imaginer quelques situations qui nécessitent l'usage d'additions élémentaires à ce stade de développement, on n'en voit guère qui puissent justifier celui d'une multiplication. L'étude des cultures paléolithiques qui ont subsisté jusqu'aux temps modernes confirme que ce niveau de calcul suffit à satisfaire leurs besoins.

Tout change, cependant, dès lors qu'une société structurée naît de la pratique de l'agriculture. En effet, les empires ne sont pas longs à inventer les impôts, et comment taxer un paysan – en numéraire ou en nature – sans avoir une estimation de sa récolte et donc de la superficie de sa propriété ? Le paysan, de son côté, a besoin de cette même donnée pour calculer la quantité de semence à utiliser, le temps qu'il lui faudra pour labourer son champ, la valeur de celui-ci en cas de transaction ou de dot. En Égypte, il devra prévoir les crues du Nil – qui effacent les bornages et transforment les rives – s'il veut faire valoir année après année ses droits à la propriété. Il faut donc savoir calculer les aires. Voici les débuts de la mesure de la terre, que les Grecs appelleront bien sûr la *géométrie*.

L'aire la plus simple à calculer est celle du rectangle : si l'on juxtapose côte à côte deux rectangles identiques de façon qu'ils aient une largeur commune, on obtient un nouveau rectangle de même largeur et de longueur double, et il est clair qu'en procédant ainsi on a doublé l'aire. Cela établit en pratique le fait que l'aire d'un rectangle est proportionnelle à sa longueur. Le même argument montre que l'aire est également proportionnelle à la largeur. On se convainc donc sans mal que l'aire du rectangle est égale au produit de la longueur par la largeur, dans les unités de mesure appropriées.

Notons que ce calcul d'aire définit une opération nouvelle, plus complexe : *la multiplication*. Il est naturel de considérer les rectangles particulièrement simples dont la longueur égale la largeur. Calculer leur aire nous amène à multiplier un nombre par lui-même. Nous avons donc découvert les carrés : un concept central, dont nous verrons l'étonnante puissance.

Une surface cultivée est délimitée par les contraintes du relief, des cours d'eau, et même l'arpenteur le plus optimiste est bien obligé de constater qu'il va lui falloir mesurer des surfaces assez biscornues. C'est moins compliqué qu'on pourrait le craindre. En effet, un triangle rectangle, c'est exactement la moitié d'un rectangle, donc le calcul de son aire est immédiat. D'autre part, on voit en traçant une hauteur que n'importe quel triangle est la juxtaposition de deux triangles rectangles. On vient donc de montrer que l'aire d'un triangle est égale à la base multipliée par la hauteur, divisée par 2. Donc, dès que nous savons tracer un angle droit pour mesurer la hauteur, nous savons calculer l'aire des triangles. Nous savons également calculer celle des surfaces qui sont obtenues en juxtaposant des triangles, en additionnant tout simplement les aires de ces triangles.

Un instant de réflexion et quelques petits dessins vont maintenant nous convaincre que cette triangulation nous permet de calculer l'aire de toutes les surfaces polygonales. Les arpenteurs sont désormais satisfaits : une surface, même alambiquée, ne sera quand même jamais bien loin d'être polygonale, n'est-ce pas ? Cette question féconde va intéresser beaucoup de monde. Nous y reviendrons.

## *Pythagore*

Dans l'immédiat, examinons ce que nous avons déjà récolté. Les rectangles, et par conséquent les angles droits, sont le point de départ de notre cheminement. L'histoire le confirme : les Égyptiens savaient, par exemple, que les triangles dont les côtés ont pour longueur 3, 4 et 5 dans une unité arbitraire sont rectangles. Il semble qu'ils utilisaient une corde à 13 nœuds équidistants, donc subdivisée en 12 intervalles égaux, pour construire des angles droits en tendant cette corde entre 3 piquets. On peut ainsi, par exemple, calculer des surfaces, délimiter des parcelles rectangulaires, ou encore s'assurer de la verticalité d'un mur. Il est clair en tout cas que l'ancêtre commun de la règle et du compas est la corde tendue, qui permet de tracer des segments de droite et des cercles. D'où l'intérêt précoce porté à ces figures.

Le procédé égyptien repose sur un cas particulier du théorème attribué à Pythagore, résultat fondamental et porte d'entrée dans l'univers quadratique : dans un triangle rectangle, la somme des carrés des côtés de l'angle droit est égale au carré du côté opposé, appelé hypoténuse. Et, plus précisément, cette propriété caractérise les angles droits. Il ne fait aucun doute qu'un énoncé de ce théorème était connu des Mésopotamiens de la première dynastie d'Hammourabi, plus de mille ans avant Pythagore. Une tablette d'argile de cette époque (« Plimpton 322 ») contient une liste de triplets pythagoriciens, parmi lesquels $3456^2 + 3367^2 = 4825^2$, une autre (« Yale Babylonian Collection 7289 ») présente la figure de duplication du carré avec une estimation de la racine de 2 d'une précision supérieure à un millionième ! Une estimation par excès plus grossière de valeur $1 + 25/60 = 1{,}416...$ figure sur diverses tablettes. Qu'a donc pu faire Pythagore ?

En fait, on ne le sait pas très bien. L'historicité de Pythagore paraît avérée : il serait né à Samos vers 569 avant notre ère et mort à Métaponte (en Grande Grèce, donc dans le sud de l'Italie actuelle) vers 494, ainsi que Cicéron le rapportera beaucoup plus tard. C'est encore en Grande Grèce, à Crotone, qu'il fonda une école philosophique et politique. De cette école pythagoricienne, nous savons peu de choses ; quelques noms nous sont parvenus, parmi lesquels celui de l'athlète Milon de Crotone qui aurait été à la fois le disciple et le gendre du maître. Mais aucun document d'époque n'a subsisté, sous quelque forme que ce soit. L'emploi de matériaux plus périssables que les tablettes d'argile mésopotamiennes et le secret dont s'entouraient les pythagoriciens suffiraient à expliquer cette lacune.

Le peu que nous savons est donc issu de commentaires critiques d'adversaires des idées pythagoriciennes (parmi lesquels Aristote), de comédies grecques dans lesquelles les pythagoriciens sont ridiculisés, ou de textes bien postérieurs qui font la part belle au merveilleux ou à l'extrapolation la plus libre. Risquons cependant quelques affirmations. Il est vraisemblable que les pythagoriciens pratiquaient une géométrie discrète, au sens où une figure était formée de points isolés groupés en alignements. Le besoin de créer puis de reconnaître les constellations peut expliquer cela : dans tout ce que nous voyons autour de nous, une étoile est bien la seule chose naturelle qu'on puisse assimiler à un point. Certains groupements étaient privilégiés, parmi lesquels la tétraktys ou ensemble de dix points groupés en triangle (figure 1). Cette figure semblait fasciner les pythagoriciens, peut-être parce que les rapports qu'elle fait apparaître (3/4, 2/3, 1/2) sont les rapports harmoniques des intervalles de quarte, de quinte et d'octave. Les pythagoriciens disposaient en effet d'une théorie de la musique qu'ils extrapolaient hardiment à l'astronomie, théâtre de la musique des sphères où une anti-Terre imaginaire venait bien à propos pour que le nombre 10, le nombre de la plénitude, appose là encore son sceau. Le pentagone croisé, ou pentagramme, orne de nombreux vases grecs de leur époque et il comprend également dix points : cette coïncidence n'a pas dû leur échapper et ce pentagramme deviendra l'un de leurs symboles. Rien ne prouve cependant qu'ils aient connu sa construction à la règle et au compas, ni même qu'ils se soient intéressés à de telles questions.

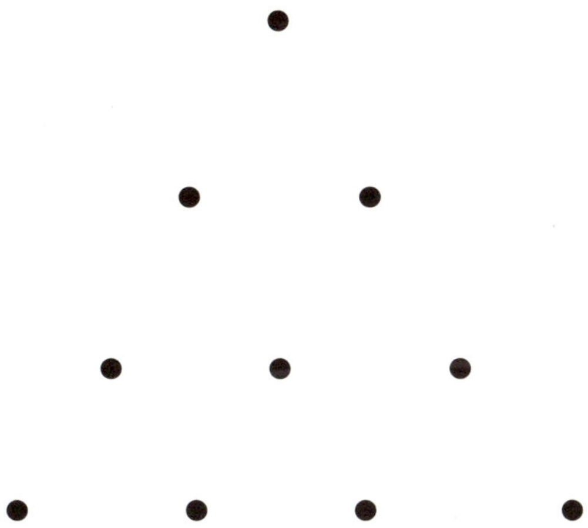

Figure 1
La tétraktys

## *Le pot, le Soleil et la roue*

Quand on apprend la géométrie chez un arpenteur, on travaille sur du sable, avec des piquets et des cordes. Et, dans ces conditions, on ne met pas longtemps à tracer la figure obtenue avec deux piquets dont l'un est fixe, en maintenant tendue la corde qui le joint à l'autre : voici le cercle. C'est vite fait, en effet, et pourtant les artisans et les bâtisseurs ont considéré les formes circulaires avant les géomètres. Pourquoi ?

Lorsqu'on fabrique un pot, on cherche logiquement à ce qu'une quantité donnée d'argile procure un volume aussi grand que possible, en sachant que la solidité de l'objet impose une certaine épaisseur des parois. Raisons d'ordre esthétique ou plus prosaïquement nécessité du rangement (dans le cas des amphores, par exemple) peuvent changer la donne, mais d'un point de vue strictement géométrique la réponse est claire : le meilleur pot est sphérique. Le problème architectural qui consiste à optimiser la surface d'une maison lorsqu'on dispose d'une quantité donnée de matériau pour en construire les murs admet une solution analogue : la case circulaire est la plus vaste. Les architectes ont cependant des contraintes que les potiers n'ont pas : un mur peut incorporer, pour plus de solidité, une charpente de troncs d'arbres qui, essentiellement droits, ne se prêtent pas à des constructions circulaires. D'autre part, des constructions nombreuses dans une surface réduite seront plutôt rectangulaires, tout simplement parce qu'on peut juxtaposer des rectangles sans perte de place alors qu'on ne peut faire cela pour des cercles. Les huttes circulaires sont donc plutôt utilisées dans des sociétés où l'on peut se contenter de constructions temporaires, transportables parfois, et où l'habitat n'est pas concentré : les yourtes utilisées jusqu'à nos jours en Mongolie nous fournissent un exemple. Saluons au passage l'instinct des abeilles, qui conjugue parfaitement approximation du cercle et impératifs de juxtaposition, et les pousse à construire un pavage hexagonal pour entreposer leurs larves : on ne peut pas faire mieux.

Les mathématiciens ont baptisé ce phénomène l'*inégalité isopérimétrique* : le bord d'une surface aura une longueur minimale lorsque cette surface remplira un disque, le bord d'un volume aura une surface minimale lorsque ce volume sera sphérique. Illustrons ce théorème par quelques applications. Un pays dont la forme s'approche d'un disque aura, relativement à sa surface, une petite frontière, facile à défendre, garante de stabilité. Il est rassurant de vivre dans un pays convexe, un hexagone par exemple. Inversement, l'Allemagne de l'Ouest d'avant 1989 se tordait en un zigzag que la réunification a convexifié en ne laissant subsister que deux échancrures, l'Alsace et la Bohême. De fait, les excroissances, les goulots, les creux, reflètent et engendrent souvent des conflits proportionnés à l'étendue des frontières. L'histoire contemporaine est riche d'exemples qui illustrent dramatiquement cette contrainte géométrique impitoyable.

Tournons les yeux vers le ciel pour y voir de plus paisibles applications : en l'absence de forces extérieures, les fluides se disposent en sphères pour minimiser l'énergie potentielle. À l'exception des astéroïdes de petite taille, les corps célestes, bulles de savon cosmiques, sont donc sphériques. La nature nous a ainsi gratifiés de la vision de deux disques pratiquement parfaits : le Soleil, la pleine lune. Les premiers astronomes à avoir compris que les éclipses de lune étaient provoquées par l'ombre portée par la Terre sur la lune ont même pu, en constatant que cette ombre était toujours circulaire, soutenir avec Aristote l'hypothèse troublante que notre planète était, elle aussi, sphérique.

Si l'on en croit Virgile, la reine Didon, quand elle fonda Carthage en 814 avant notre ère, aurait reçu du monarque local, le roi Iarbas, la quantité de terre que pouvait contenir une peau de bœuf. On imagine les ricanements. Mais elle l'aurait alors pris au mot en faisant découper cette peau en fines lanières et en disposant ces lanières en demi-cercle au bord d'une côte rectiligne. Pour légendaire qu'il soit, ce vénérable succès des mathématiques appliquées n'est pas incongru dans le contexte politique de l'Antiquité : construire un rempart représente un travail considérable. Très tôt et partout, on a compris qu'une enceinte circulaire, ou semi-circulaire si l'on peut s'adosser à une plage ou à une rivière, permettait de minimiser l'effort de construction. La connaissance pratique de l'inégalité isopérimétrique par les potiers, les architectes et les militaires doit donc être très ancienne. Sa théorisation l'est moins, bien sûr. On attribue à Zénodore (IIe siècle avant notre ère) la démonstration du fait que les polygones réguliers sont, parmi les polygones de nombre de côtés et de périmètre donné, ceux qui enserrent la plus grande surface. Ce théorème est un pas important vers une démonstration du phénomène isopérimétrique dans le cas du plan. Il est intéressant de remarquer que l'espace présente des difficultés spécifiques : pour tout entier $n$, il existe un polygone régulier à $n$ côtés, mais, comme le savaient déjà les contemporains de Platon, il n'existe que cinq polyèdres réguliers. Il faudra donc attendre le XIXe siècle pour avoir des démonstrations satisfaisantes de l'inégalité isopérimétrique générale, qui s'étendent non seulement à l'espace physique, mais aux espaces de dimension arbitraire et même à leurs variantes courbées, que les mathématiciens appellent des *variétés*. Ces inégalités générales reflètent un phénomène important au confluent de la géométrie, de l'analyse et des probabilités, qu'on pourrait résumer ainsi en langage géométrique : *les sphères sont au centre de l'espace des figures géométriques*. Plus tard, nous en donnerons d'autres formulations.

Une approche moderne de l'inégalité isopérimétrique, attribuée à Jakob Steiner (1796-1863), repose sur l'idée de symétrisation. Illustrons-la ainsi : prenons un jeu de cartes mal rangé, il a un certain volume, son bord a une certaine surface. Empilons-le convenablement, comme on le fait instinctivement avant de distribuer les cartes : son volume n'aura pas changé mais la surface du bord aura diminué. Plus mathématiquement, la symétrisation de Steiner consiste à couper une partie de l'espace par un plan, puis à remodeler cette partie pour qu'elle devienne symétrique par rapport à ce plan (voir figure 2). On aura ainsi construit une nouvelle partie de même volume, mais dont le bord aura une plus petite surface. Nous allons maintenant suivre une démarche fondamentale, l'*itération*. Quand un mathématicien effectue une opération, il se demande systématiquement ce qui va se passer s'il la répète indéfiniment. Les réponses dépendent bien sûr du contexte, et c'est là que ça devient intéressant. Dans les cas simples, l'objet que l'on transforme va s'approcher d'un état d'équilibre, d'un point fixe intéressant en soi. Cet objet limite sera en effet invariant par la famille de transformations qu'on a appliquées. Il jouira donc de propriétés de symétrie particulières. Reprenons l'exemple de la méthode de Steiner. En appliquant des symétrisations par rapport à des plans quelconques passant par le centre de gravité d'une partie bornée raisonnable de l'espace, on diminue la surface du bord en conservant le volume. L'objet limite que l'on construit finalement est invariant par toutes les symétries par rapport à ces plans, et donc par toutes les *rotations* dont les axes contiennent le centre de gravité : nous avons ainsi un premier exemple de ce qu'on appelle le *groupe* engendré par une famille de transformations (voir « Les groupes »). Mais une partie bornée invariante par toutes les rotations est une sphère, et nous avons donc montré que le rapport surface/volume, qui diminue à

Figure 2
La symétrisation de Steiner

chaque symétrisation, est plus petit pour la sphère que pour l'ensemble initial, CQFD.

L'approche de Steiner relie donc l'isopérimétrie à une propriété de régularité caractéristique : le disque est symétrique par rapport à tous ses diamètres, la sphère l'est par rapport à tous les plans qui contiennent son centre, si l'on préfère par rapport à tous ses équateurs. L'un comme l'autre sont invariants par rotation. Cette invariance n'est pas leur moindre propriété ! Elle explique tout l'intérêt d'un objet qui a révolutionné la technologie : la roue. Celle-ci semble avoir été inventée à Sumer voici environ cinq mille cinq cents ans. Les usages qu'on peut en faire sont multiples : roue pleine pour le char à bœufs, roue à dix rayons pour le char de guerre d'Assurbanipal, mais aussi tour de potier, puis meule de moulin, noria, poulie, engrenage... La liste n'est pas close. Signe pérenne de l'émerveillement suscité, elle intègre le Panthéon, et le disque solaire devient la roue du char étincelant sur lequel Apollon poursuit sa course. La roue a donc transformé tout l'Ancien Monde, cependant que le Nouveau Monde ne la connaissait pas. On a retrouvé des jouets précolombiens à roulettes mais rien de plus, et pourtant les grands empires sud-américains étaient parcourus de routes « carrossables ». Cette lacune, qui coûtera cher au jour de la confrontation, s'explique peut-être par l'absence des chevaux et des bovins domestiques sur le continent américain, jusqu'à ce qu'arrivent les Européens.

## *L'antiphérèse*

Nous venons de découvrir diverses propriétés du cercle : lieu des points équidistants d'un point donné, solution du problème isopérimétrique, figure symétrique par rapport à tous ses diamètres, et donc invariante par rotation. Mais venons-en à la géométrie telle que nous l'avons apprise : un cercle, ça se trace avec un compas. Un segment, avec une règle. Le compas nous permet aussi de reporter des distances, ainsi que la règle lorsqu'elle est graduée. Si l'on est architecte, ingénieur, artisan ou tisserand, c'est certainement utile. Mais pourquoi les mathématiciens grecs vont-ils tellement s'y intéresser ?

L'origine d'une possible réponse va se situer en dehors de la géométrie. Avant d'aller plus loin, il faut avertir le lecteur que l'on va procéder au développement schématique et simplifié d'une histoire très complexe, reconstituée à partir de données lacunaires. De plus, les notations d'aujourd'hui sont très différentes des notations antiques. Elles sont aussi plus pratiques. Nous allons donc prendre le risque de l'anachronisme.

Pour désigner les quantités numériques et pour calculer, les Grecs de l'époque classique n'utilisaient pas la numérotation de position, contrairement à leurs grands prédécesseurs les Mésopotamiens, et contrairement à nous. Rappelons ce qu'on entend par là : lorsque nous écrivons 2010, nous utilisons une notation où c'est la position du chiffre dans le nombre qui indique avec quelle puissance de la base (qui vaut 10, pour nous) il faut le multiplier. Cela implique, naturellement, que nous disposions d'un signe pour souligner l'absence de certaines grandeurs : il n'y a ni centaines ni unités dans 2010. Pour cette date comme pour toutes celles qui nous séparent du 11 novembre 2111, nous avons besoin du zéro pour signaler les absences. Nous comptons en base 10 comme nous l'ont enseigné les Arabes, qui l'avaient eux-mêmes appris des Indiens. Les Mésopotamiens comptaient en base 60, les ordinateurs comptent en base 2. Mais le principe reste le même.

Ce mode d'écriture ne conduit pas immédiatement à distinguer entre les nombres rationnels – c'est-à-dire ceux qui peuvent s'écrire sous forme de fraction – et les autres. En effet, calculons par exemple une valeur approchée de 22/7 :

$$22/7 = 3{,}1428571...$$

que nous comparons à une valeur approchée de $\pi$ :

$$\pi = 3{,}1415926...$$

Sur ces deux développements, il n'est pas évident que ces deux nombres sont d'une nature profondément différente. Bien sûr, si nous poussons le calcul plus loin, il se passe quelque chose : en effet,

$$22/7 = 3{,}142857142857142857142857\ldots$$

alors que

$$\pi = 3{,}14159265358979323846264 3\ldots$$

et on voit bien que les décimales du développement de 22/7 se répètent périodiquement alors que celles de π n'ont pas l'air d'en faire autant. On peut du moins affirmer à ce stade que, si c'était le cas, la période serait grande. Pour l'anecdote, signalons qu'il faut aller jusqu'à la trente-deuxième décimale de π pour trouver 0. C'est une chance pour les amateurs de quatrains mnémotechniques, où le nombre de lettres de chaque mot est égal à la décimale correspondante !

Les Grecs, sans doute influencés par les calculateurs égyptiens qui exprimaient les rationnels comme sommes d'inverses de nombres entiers, manipulaient les nombres différemment. Pour schématiser leur approche, partons de l'algorithme d'Euclide, qui nous permet de trouver le plus grand commun diviseur (en bref, le PGCD) de deux entiers $a$ et $b$. Rappelons donc comment ça marche. Nous commençons par diviser $a$ par $b$ comme on le faisait à l'école primaire, avec un quotient $q$ et une reste $r$ inférieur au diviseur $b$. On écrit donc

$$a = bq + r$$

Si $r$ est nul, c'est que $b$ divise $a$ et on a terminé. Sinon, le PGCD de $a$ et $b$ qui les divise tous deux divise également $r$, et nous sommes donc invités à réitérer l'opération et à écrire

$$b = rq' + r'$$

Si $r'$ est nul, c'est que $r$ divise $b$ et donc $r$ est le PGCD de $a$ et $b$. Sinon, ce PGCD divise $r'$ et on effectue donc

$$r = r'q'' + r''$$

et ainsi de suite. Remarquons que les entiers qui figurent dans cet algorithme apparaissent dans trois lignes, comme reste, puis diviseur, enfin dividende.

Après un nombre fini d'itérations, l'algorithme va s'arrêter. En effet, chaque reste non nul est strictement plus grand que le suivant. Et il ne fait aucun doute qu'une suite strictement décroissante de nombres entiers est de longueur bornée par son premier terme. Donc, nous pouvons affirmer qu'à un moment donné le reste sera nul, et le dernier reste non nul sera notre PGCD.

Quelques remarques avant d'aller plus loin : si l'on est arpenteur avant d'être arithméticien, on parlera plutôt de plus grande commune mesure. En effet, le PGCD est la plus grande quantité dont $a$ et $b$ sont multiples, ou encore la plus grande unité qui mesure exactement $a$ et $b$. Cette unité existe, puisque bien sûr les entiers $a$ et $b$ sont *commensurables*. Si l'on n'est pas arpenteur mais qu'on a appris les mathématiques dites modernes en France dans les années 1970, on dira que l'on a trouvé le générateur de l'idéal engendré par $a$ et $b$, et on comprendra que cet algorithme fonctionne également dans une structure générale assez répandue qu'on appelle un *anneau euclidien*. Mais peu importe qu'on l'appelle PGCD, commune mesure ou générateur d'idéal, nous disposons du résultat de notre algorithme.

Qu'avons-nous gagné au passage ? Au moins trois choses. Premièrement, nous avons obtenu le PGCD sans utiliser les décompositions en produits de nombres premiers de $a$ et $b$, qui n'étaient d'ailleurs pas familières aux Grecs. C'est bien pratique : en effet, si les entiers dont nous cherchons le PGCD sont très grands, nous pouvons être dans l'impossibilité de les décomposer en facteurs premiers, alors que l'algorithme d'Euclide convergera. Il se terminera même assez rapidement puisque le nombre de divisions à effectuer est au plus égal au logarithme du diviseur.

Deuxièmement, si l'on récapitule la suite de nos divisions, nous voyons que, si l'on note $d$ le PGCD de $a$ et $b$, il existe des entiers $u$ et $v$ tels que

$$d = au + bv.$$

Cette relation est appelée l'identité de Bézout, une attribution injuste comme c'est souvent le cas en mathématiques car Bézout (1730-1783) a surtout été l'auteur d'un traité très populaire chez les apprentis polytechniciens du début du XIX^e^ siècle, tandis que l'identité en question figure explicitement dans les travaux de Bachet (1581-1638) et était peut-être connue avant ce dernier. Mais, quel qu'en soit le premier auteur, cette équation nous fait toucher du doigt un phénomène résolument moderne : si $a$ et $b$ sont premiers entre eux, il existe $u$ et $v$ tels que $au + bv = 1$, et inversement puisque cette équation implique que le PGCD de $a$ et $b$ divise l'unité, donc *est* l'unité. Il s'ensuit que l'énoncé « $a$ et $b$ sont premiers entre eux » est intrinsèque, c'est-à-dire ne dépend pas de l'anneau (euclidien) dans lequel vivent $a$ et $b$, alors que l'énoncé « $a$ est premier » dépend au contraire de l'anneau : par exemple, le nombre 2 est premier dans $\mathbf{Z}$ mais pas dans $\mathbf{Z}[i]$ puisque $2 = (1+i)(1-i)$. Une vision dynamique des mathématiques a familiarisé nos contemporains avec l'idée qu'un changement de cadre modifie la valeur de vérité de certains énoncés. Nous en verrons d'autres exemples.

La troisième application de l'algorithme d'Euclide est la plus importante. Reprenons la suite de nos divisions euclidiennes, en notant $q_0, q_1, q_2...$ et $r_0, r_1, r_2...$ les quotients et les restes successifs. Nous avons donc

$$a = bq_0 + r_0$$

$$b = r_0 q_1 + r_1$$

$$r_0 = r_1 q_2 + r_2$$

et ainsi de suite. Cela va nous permettre de calculer, par approximations successives, le quotient $a/b$. On écrit d'abord

$$\frac{a}{b} = q_0 + \frac{r_0}{b}$$

puis grâce à la deuxième ligne

$$\frac{a}{b} = q_0 + \cfrac{1}{q_1 + \cfrac{r_1}{r_0}}$$

et l'on continue ainsi, en écrivant

$$\frac{a}{b} = q_0 + \cfrac{1}{q_1 + \cfrac{1}{q_2 + \cfrac{r_2}{r_1}}}$$

Arrêtons ici les frais, chacun a compris qu'on voit apparaître la succession des quotients, jusqu'à celui qui correspond à la dernière ligne de l'algorithme où la division tombe juste.

L'expression qu'on vient d'établir s'appelle le *développement en fraction continue* du quotient $a/b$. Les Grecs utilisaient le terme d'*antiphérèse* pour décrire sa mise en œuvre.

Les *réduites* de ce développement, à savoir

$$q_0,\ q_0 + \frac{1}{q_1},\ q_0 + \cfrac{1}{q_1 + \cfrac{1}{q_2}}, \ldots$$

sont des approximations alternativement par défaut et par excès de $a/b$, dont on montre qu'elles sont optimales, au sens où les fractions qui produisent une meilleure approximation ont un plus grand dénominateur. Cela est par exemple évident pour $q_0$, qui est la meilleure approximation par défaut de $a/b$ par un nombre entier.

Notre perception du nombre a été façonnée par l'usage du système décimal. À quelles idées l'antiphérèse peut-elle conduire ? Commençons par la notation : il est naturel d'associer à la grandeur $a/b$ la suite des quotients obtenus, donc de noter

$$\frac{a}{b} = [q_0, q_1, q_2, \ldots].$$

Cette nouvelle notation a un triple avantage : les quotients de nombres entiers – les nombres rationnels, dans notre terminologie – et seulement eux ont un développement fini. De plus, aucun « ordre de grandeur » n'est omis et donc, si nous pouvons nommer les entiers, nous n'avons plus besoin du zéro ! De fait, les mathématiciens grecs se sont passés de cette notion, en plein accord avec leur perception géométrique des grandeurs : on ne voit pas bien quel sens donner à une longueur nulle, comment la représenter, quel intérêt la notion peut avoir ? Enfin, l'opération que nous avons pratiquée est *canonique*. Les mathématiciens entendent par là qu'elle ne dépend pas d'un système de référence arbitrairement choisi dans lequel les calculs sont faits. Dans notre cas, cela veut dire que la base de numération ne joue aucun rôle : les entiers $q_i$ seront bien sûr notés différemment si on emploie par exemple la base 10 ou la base 2, mais la valeur des réduites ne dépendra pas de la base.

Les approximations que fournit l'antiphérèse sont alternativement par excès et par défaut, alors que le développement décimal produit une suite croissante d'approximations. L'emploi de l'antiphérèse conduit donc naturellement à des considérations d'encadrement d'une grandeur entre deux suites adjacentes, qu'Archimède poussera à leur maximum avec ses raisonnements *apagogiques*, qui font apparaître une égalité comme la superposition de deux inégalités (voir *L'AdN*, chapitre 3). Le système décimal conduit quant à lui à la notion de limite, telle qu'elle est enseignée aujourd'hui après avoir été précisée au cours du XIX^e^ siècle. Mais il faut maintenant souligner un avantage décisif de l'antiphérèse : elle nous conduit à approcher le compliqué par le simple, au lieu d'approcher le simple par le compliqué ! Illustrons cela par un exemple. En développant la fraction 59/13 on trouve

$$\frac{59}{13} = 4 + \cfrac{1}{1 + \cfrac{1}{1 + \frac{1}{6}}}$$

et donc la suite d'encadrements produite est 4, puis 5, puis 9/2 et enfin exactement 59/13. Si maintenant on calcule le développement décimal de cette fraction, on trouve

$$\frac{59}{13} = 4{,}5384615384615...$$

Sous forme de fraction, cela veut dire qu'on affirme que 59/13 est à peu près égal à

$$\frac{45384615384615}{10000000000000}$$

Cela devrait suffire à comprendre pourquoi les fractions continues ont été (et sont toujours) un outil important de la théorie des nombres, quand le développement décimal y joue un rôle beaucoup plus effacé (voir « Les équations de Pell-Fermat »). C'est ce que l'on gagne à utiliser des procédures canoniques : on reste au plus près de la nature profonde des objets que l'on manipule. Le hasard darwinien qui nous a nanti de cinq doigts à chaque main fait que nous utilisons la base 10, ce qui consiste à privilégier arbitrairement les fonctions exponentielle et logarithme en base 10. Enfants, nous pensions qu'il était tellement plus facile de multiplier ou de diviser par 10. Illusion dangereuse que cela, nous lâchions la proie pour l'ombre ! L'arithmétique n'a que faire des particularités biologiques des arithméticiens, et c'est bien le nombre *e*, base des logarithmes naturels, qui surgit naturellement dans d'innombrables formules. De plus, le développement décimal nous semble désordonné, mais l'antiphérèse va nous gratifier d'identités fascinantes. Nous en verrons quelques-unes bientôt.

Les Grecs avaient donc quelques raisons de se contenter de leurs algorithmes, et ceux-ci vont les conduire à une découverte que les Mésopotamiens, en deux mille ans de calcul, n'ont pas aperçue.

## *Les limites du logos*

Nous avons vu que, lorsqu'on appliquait l'algorithme d'Euclide à un couple de nombres entiers, cet algorithme fournissait, en un nombre fini d'étapes, le PGCD ou, si l'on préfère, la plus grande commune mesure des deux entiers. Revenons maintenant à la géométrie. Il est parfaitement naturel d'appliquer le même algorithme à deux longueurs plutôt qu'à deux entiers, pour trouver leur plus grande commune mesure. Et c'est facile à mettre en place : plutôt que de poser notre division, nous utilisons un compas pour reporter autant de fois que possible le petit segment dans le grand, puis quand il faut s'arrêter nous reportons ce qui reste dans le petit segment, et ainsi de suite en aller-retour jusqu'à ce que ça tombe juste. C'est d'ailleurs cette suite de soustractions alternées qui est à la racine du terme antiphérèse. Très bien, mais est-ce qu'à un moment donné ça va tomber juste ?

Quand on veut généraliser, on commence par essayer de copier plus ou moins servilement les arguments qui marchent dans les cas déjà connus. Ici, pour substituer les longueurs aux entiers dans notre raisonnement, nous aurions besoin de l'existence d'une grandeur minimale, atomique, c'est-à-dire littéralement indivisible, bref, d'une *monade* dont toute longueur serait un multiple entier. Cette question fondamentale, de nature musicale dès lors que l'on pratique la gamme de Pythagore, physique mais aussi métaphysique, a dû susciter bien des discussions sur l'Agora et rester ouverte assez longtemps pour que chacun puisse y aller de son sophisme. Mais, pour les mathématiciens, elle était pratiquement tranchée vers la fin du V^e^ siècle avant notre ère.

Nous savons en effet que l'existence de longueurs incommensurables, dont le rapport définit dans notre terminologie un *nombre irrationnel*, était reconnue et étudiée scientifiquement par les contemporains de Platon, et en particulier par le jeune Théétète et par Théodore de Cyrène. Nous ne savons pas exactement ni quand, ni par qui, ni comment s'est faite la découverte. On peut penser que la question était « dans l'air du temps », que la conviction s'est progressivement faite que l'algorithme d'Euclide ne se terminait pas en général quand on l'appliquait aux segments. Il est vraisemblable que le besoin de confirmer ce phénomène, qui échappait par sa nature même à toute vérification empirique, a joué un rôle dans le développement du concept de démonstration mathématique au sens où nous l'entendons aujourd'hui.

En effet, pour s'assurer qu'un processus va continuer indéfiniment, il faut savoir que son arrêt provoquerait quelque chose d'inacceptable. Nous devons nous contenter d'une *expérience de pensée* puisque si en effet le processus continue indéfiniment ce « quelque chose » n'arrivera jamais ! Il n'est donc pas susceptible d'une quelconque vérification expérimentale. Le *logos* change de champ d'application : si le calcul de certaines grandeurs n'est susceptible d'aucune conclusion, qu'au moins un discours approprié conclue qu'en effet le calcul ne se terminera pas.

Comment les Grecs ont-ils procédé ? En l'absence de textes contemporains de la découverte, nous ne le savons pas précisément. Les affirmations suivant lesquelles cet événement aurait provoqué une crise majeure au sein de l'École pythagoricienne n'ont aucun fondement historique crédible. Notre plus ancien témoin, Aristote, mentionne explicitement les grandeurs irrationnelles mais ne dit rien des pythagoriciens à ce propos. Il s'oppose pourtant si fermement à leur philosophie qu'on voit mal pourquoi il aurait laissé passer cette belle occasion de s'y attaquer. C'est encore à Aristote que nous devons des allusions claires à la plus ancienne démonstration d'irrationalité qui nous soit parvenue : s'il existe un rapport d'entiers $p/q$ dont le carré est 2, on aura $p^2 = 2q^2$. Cette équation montre que $p^2$ est pair, donc que $p$ est pair. Mais alors $p^2$ est divisible par 4 et l'équation montre que $q^2$ est pair. Donc $q$ l'est également. Mais si $p$ et $q$ sont pairs, on peut les diviser tous les deux par 2 et obtenir un nouveau couple d'entiers solution de l'équation. Mais rien n'empêcherait d'appliquer le raisonnement à ce nouveau couple, et voici notre contradiction ! La *dichotomie*, ou division en deux, peut se poursuivre indéfiniment pour les segments, comme Zénon d'Élée en a convaincu l'Agora, mais certainement pas pour les entiers. Par conséquent la procédure ne peut pas commencer, et l'équation n'a pas de solution. Aristote fait de ce beau raisonnement le paradigme de la démonstration par l'absurde, qui reste jusqu'à nos jours une quasi-exclusivité des mathématiques. Citons-le : « On prouve, par exemple, l'incommensurabilité de la diagonale, par cette raison que les nombres impairs deviendraient égaux aux nombres pairs, si on posait la diagonale commensurable. On tire alors la conclusion que les nombres impairs deviennent égaux aux nombres pairs, et on prouve hypothétiquement l'incommensurabilité de la diagonale parce qu'une conclusion fausse découle de la proposition contradictoire. Car tel est, avons-nous dit, le raisonnement par l'absurde : il consiste à prouver l'impossibilité d'une chose au moyen de l'hypothèse concédée au début. »

Ce document suggère que $\sqrt{2}$ est le premier nombre dont l'irrationalité ait été établie (voir *L'AdN*, chapitre 3). C'est vraisemblable, d'autant plus qu'il intéressait même les non-spécialistes : le dialogue du *Ménon* montre que Socrate, qui n'était pas mathématicien, savait que le rapport de la diagonale du carré sur son côté a pour carré 2, et en faisait même l'exemple de la connaissance que chaque humain porte en lui et qu'il suffit de lui rappeler par une maïeutique appropriée ! Les musiciens pouvaient quant à eux se soucier de l'impossibilité de partager précisément l'intervalle d'octave. Enfin, les considérations de parité devaient être d'usage commun puisque Platon lui-même désigne l'arithmétique comme « la science du Pair et de l'Impair » et nourrit sa réflexion philosophique – le non-être est-il ? – de ces curieux irrationnels, non-êtres arithmétiques mais êtres géométriques. Cependant, $\sqrt{2}$ a au moins un rival, qu'on appellera beaucoup plus tard le nombre d'or. Aristote, en effet, mentionne à deux reprises « l'incommensurabilité de la diagonale avec le côté », mais il ne précise pas de quel polygone il s'agit. Parlait-il du carré, donc de $\sqrt{2}$, du pentagone, auquel cas c'est le nombre d'or $(1+\sqrt{5})/2$ qu'on affirme irrationnel, ou connaissait-il un théorème général ? C'était peut-être plus clair pour le lecteur de l'époque que pour nous.

Comment les Grecs, qui ne disposaient pas du calcul algébrique, ont-ils pu établir que la diagonale du pentagone est incommensurable avec le côté ? Assez simplement, grâce à l'antiphérèse. Si nous dessinons un pentagone et ses diagonales avec un minimum de soin, nous voyons apparaître des pentagones réguliers plus petits (voir figure 3). Cette *autosimilarité* est d'ailleurs l'une des propriétés sympathiques de cette figure, vénérable ancêtre de nos fractales : quand on la trace, on la voit réapparaître

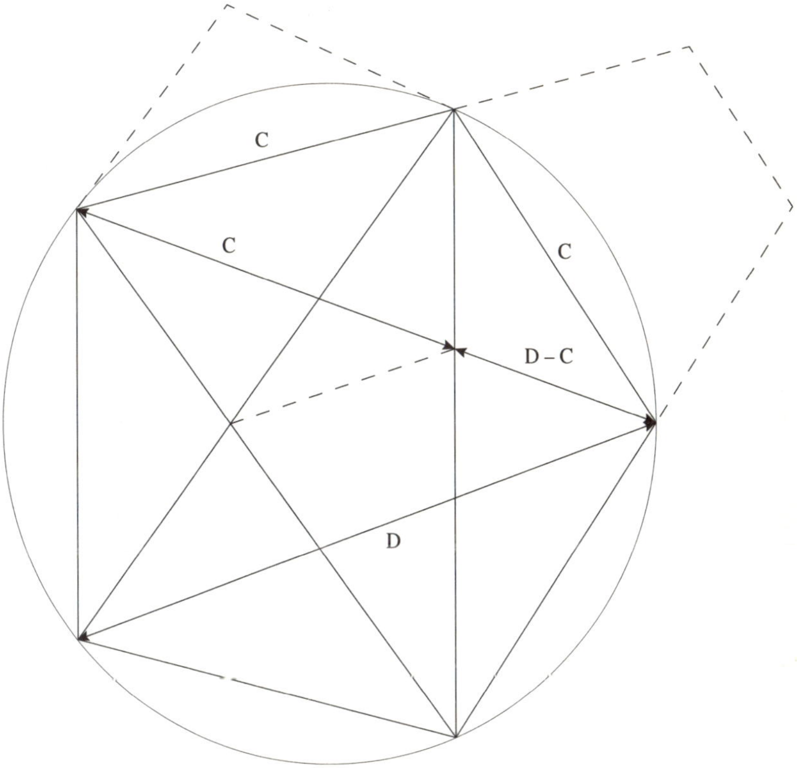


Figure 3
Le pentagone régulier

$$\frac{D}{C} = \frac{C}{D - C}$$

immédiatement en plus petit. Continuons notre raisonnement : chacun reconnaît que le rapport de la diagonale sur le côté d'un pentagone régulier ne dépend pas de la taille de ce pentagone, et que toutes les diagonales d'un pentagone régulier ont même longueur. Si nous appelons $C$ la mesure du côté et $D$ celle de la diagonale, la géométrie nous montre donc une égalité de rapports

$$\frac{D}{C} = \frac{C}{D - C}$$

Si nous appliquons maintenant l'algorithme d'Euclide pour trouver une commune mesure pour $C$ et $D$, on trouve

$$D = C + (D - C)$$

mais la deuxième ligne

$$C = (D - C) + (2C - D)$$

est proportionnelle à la première et par conséquent nous n'avons rien gagné ! Si la deuxième ligne est proportionnelle à la première, la troisième sera également proportionnelle à la deuxième, et ainsi de suite. Par conséquent l'algorithme ne se terminera pas. Du point de vue géométrique, notre itération correspond au tracé d'un petit pentagramme inscrit dans le pentagone créé par le grand, et ainsi de suite indéfiniment, *jusqu'à l'arbitrairement petit*. Sans doute, mais qu'entend-on par là ? Nous allons y revenir. Du point de vue du calcul, nous venons de montrer l'équation

$$\frac{D}{C} = 1 + \cfrac{1}{1 + \cfrac{1}{1 + \cfrac{1}{1\ldots}}}$$

Notons que l'égalité des rapports dont nous sommes partis nous donne une équation du deuxième degré en $D/C$ d'où l'on déduit aujourd'hui sans peine la valeur

$$\frac{D}{C} = \frac{1 + \sqrt{5}}{2}$$

et notre raisonnement géométrique sur le pentagramme nous a donc fourni le développement en fraction continue du fameux « nombre d'or »

$$\frac{1 + \sqrt{5}}{2} = [1, 1, 1, \ldots]$$

ainsi que la suite des réduites qui l'approchent au mieux

$$1, 2, \frac{3}{2}, \frac{5}{3}, \frac{8}{5}, \frac{13}{8} \ldots$$

Le lecteur aura reconnu dans les termes de ces fractions les entiers d'une suite considérée beaucoup plus tard par Léonard de Pise, notre Fibonacci (voir *L'AdN*, appendice 2). Mentionnons au passage que le nombre d'or, ainsi appelé par Ohm au XIX^e siècle et auquel les Grecs ne donnaient pas de nom particulier, et son *alter ego* le pentagramme ont suscité jusqu'à nos jours bien des balivernes. La célébrité peut nuire, même aux objets mathématiques !

Nous venons d'établir que l'algorithme d'Euclide pour trouver une commune mesure à la diagonale et au côté du pentagone ne convergeait pas. On serait tenté d'en déduire tout de suite qu'il n'y a pas de commune mesure, mais les Grecs étaient plus prudents ! On n'y arrive pas comme cela, mais qui nous dit qu'une autre approche ne marcherait pas ? Si un candidat $\varepsilon$ au titre de commune mesure se présente, il faut pouvoir l'éliminer en un nombre fini d'étapes, en fabriquant avec notre algorithme des grandeurs plus petites. Est-on bien sûr de pouvoir faire cela, quand tout ce que l'on sait, c'est que cet $\varepsilon$ est une grandeur ? Non, aussi longtemps qu'on n'a pas précisé ce qu'« être une grandeur » signifie. Les *Éléments* d'Euclide vont nous apporter cette précision.

La proposition 1 du Livre X de ces *Éléments* est connue sous le nom de lemme d'Eudoxe. Elle s'énonce : « Deux grandeurs inégales étant données, si de la plus grande est retranchée une grandeur plus grande que sa moitié, et du reste une grandeur plus grande que sa moitié, et si cette procédure est répétée de façon continuelle, il restera une certaine grandeur qui sera moindre que la plus petite grandeur donnée. » Cette proposition est taillée sur mesure pour s'appliquer au cas du pentagone, puisqu'en retranchant le côté à la diagonale on en prélève plus de la moitié. En appliquant l'antiphérèse en partant de la diagonale et du côté du pentagone, on va finalement trouver des restes inférieurs à toute grandeur donnée à l'avance. Donc le lemme d'Eudoxe établit l'absence de commune mesure pour la diagonale et le côté du pentagone, et ouvre la voie pour des démonstrations analogues sur d'autres figures géométriques.

Les Grecs s'y appliqueront et Théodore de Cyrène montrera par la géométrie que les racines d'entiers non carrés parfaits jusqu'à 17 sont irrationnelles. Il est piquant de constater que l'approche géométrique devient subitement plus complexe dès lors qu'on arrive à 19, alors que la nature arithmétique du problème est la même. Reconnaître cela nécessite un changement de point de vue auquel les Athéniens n'étaient pas préparés. Mais ils en ont déjà tant fait ! Nous leur devons les fondements d'une pensée rationnelle qui, après vingt-cinq siècles d'usage, n'est pas encore dépassée.

## *La quadrature du cercle*

Construire, à la règle et au compas, un carré d'aire égale à un disque donné : voici la quadrature du cercle. Ce problème est tellement connu que son intitulé désigne dans le langage courant une tâche impossible, honneur unique parmi toutes les questions que nous devons aux mathématiques ! Mais pourquoi les Grecs se sont-ils intéressés à cette construction ? Pourquoi se limiter à ces deux instruments ?

On est tenté de croire d'abord qu'il s'agissait pour eux d'une sorte de défi, de ces questions que l'on pose pour le plaisir à la cantonade des collègues. Mais ce serait faire peu de cas du sérieux des scientifiques grecs, philosophes mais aussi ingénieurs, qui se savaient à la pointe de la recherche et qui répondaient à des demandes militaires et politiques qui n'avaient rien de gratuit (voir « La guerre de Troie et le degré trois »). D'ailleurs il n'est pas difficile de trouver d'excellentes raisons de s'attaquer à ce problème.

En effet, un raisonnement géométrique simple montre que la quadrature du cercle revient à la construction à la règle et au compas de deux longueurs dont le rapport est égal à $\pi$. On peut montrer que les rapports qu'on peut construire à la règle et au compas – qu'on appelle les nombres constructibles – sont exactement ceux qu'on peut écrire à partir des entiers en utilisant les quatre opérations (addition, soustraction, multiplication, division) et l'extraction de racines carrées. Les Anciens n'avaient certainement pas de démonstration de ce théorème mais ils pouvaient en avoir une connaissance empirique sur un certain nombre de cas. C'était important pour eux : ils avaient un bon algorithme de calcul de racines carrées (l'algorithme de Héron d'Alexandrie, qui remonte en fait aux Mésopotamiens) et pouvaient même avoir constaté la périodicité de l'antiphérèse des racines carrées de nombres entiers. Les algorithmes qu'ils connaissaient leur permettaient donc d'approximer efficacement les nombres constructibles. Le problème de la quadrature du cercle consiste alors à se demander si on peut obtenir facilement des approximations du nombre $\pi$. Une belle motivation s'il en est !

En l'absence de solution positive à ce problème (et pour cause), Archimède approximera $\pi$ par les périmètres de certains polygones réguliers qui sont des nombres constructibles, et ira jusqu'à faire le calcul pour 96 côtés. Puis le problème traversera les siècles mais on en oubliera les motivations. Et la quadrature du cercle fournira le meilleur exemple de la décadence d'une question, semblable aux interdits et aux rites que l'on répète sans les comprendre, aux noms qui se fixent alors que leur sens a été perdu ou aux exercices que l'on isole de leur contexte. La Renaissance verra fleurir diverses « solutions » positives du problème, par exemple celle publiée à Paris en 1661 dans les récréations mathématiques du nommé Jean Leurechon. Savourons au passage les réflexions, incluses dans le livre lui-même, de commentateurs visiblement bien informés, Claude Mydorge et Denis Henrion : « Voyons d'abord ce qu'il en est, et disons premièrement que cette pièce par luy rapportée sur ce Probleme n'est point de son invention, mais est de la qualité du reste de ses remarques, c'est-à-dire, furtive et dérobée d'ailleurs. Si l'on en demande des nouvelles au bon Longomontanus, il fera voir qu'il a publié sienne dans le Danemark cette invention cyclometrique il y a quelques années, et de fait les exemplaires s'en voyent par deça, et nous ont esté cy-devant communiquez et envoyez exprés par un personnage de singulière érudition et louable curiosité, Conseiller au Parlement d'Aix, auquel nous les avons renvoyez acompagnez de nostre iugement et censure assez exacte ; ainsi le dementy en demeureroit indubitablement à ce Plagiaire. Et comme toute nouveauté luy est indifferemment propre pour se l'attribuer, soit bonne soit mauvaise, l'examen de cette fausse Cyclometrie surpassant sa capacité, il a osé la publiant sienne la maintenir véritable, remettant néanmoins d'en donner la démonstration ailleurs. Pour le relever donc de cette peine, nous examinerons icy la construction de cette nouvelle quadrature circulaire. » Suivent alors trois pages de calcul assez serré établissant que l'argument de Longomontanus est erroné, et enfin une conclusion : « Si cette fausse monnoye prend cours en Danemark, la France, ou du moins Paris, ne la relevera jamais, ou bien elle n'y aura cours que parmy les ignorans. »

Ce texte suffirait à prouver que, pour les chercheurs, la mondialisation ne date pas d'hier ni même d'avant-hier. À montrer, aussi, que les Parisiens du XVII^e siècle étaient déjà contents d'eux. C'est pourtant Gottfried Leibniz qui va remarquer que la quadrature du cercle est sans espoir, car l'équation naturelle dont $\pi$ est racine, à savoir $\sin(x) = 0$, est de degré infini. Deux siècles plus tard, son compatriote Lindemann mettra enfin un point final à vingt siècles d'efforts en montrant l'impossibilité de la quadrature du cercle : $\pi$ n'est pas constructible, en fait il n'est même pas algébrique, il est transcendant.

La quadrature du cercle, l'irrationalité de certaines grandeurs, fournissent des exemples simples d'impossibilité. Prenons le temps de souligner ce que les mathématiques ont apporté en exhibant ces phénomènes. Ce n'est pas qu'on s'y prend mal, qu'on n'a pas encore trouvé la bonne approche, que la technologie n'est pas encore à ce niveau. Non, on ne peut pas, on ne pourra jamais, et une démonstration suffit une fois pour toutes à déclarer fausses toutes les tentatives de solution, si longues et si compliquées soient-elles. Bien sûr, la démonstration d'impossibilité ne nous dit pas *où* sera la faute, et cela peut troubler votre interlocuteur : il vous présente un argument de quarante pages qui établit la quadrature du cercle, vous lui affirmez que c'est faux mais vous êtes incapable de lui dire où se situe la faute sans un examen approfondi, pour lequel vous ne vous sentez absolument pas motivé ! Derrière cet embarras se cache le principe de non-contradiction, qui s'appuie malencontreusement sur une forme d'acte de foi et ne nous fournit pas d'algorithme qui nous permettrait de localiser les erreurs. Nous reviendrons là-dessus à propos des travaux des logiciens modernes (voir « À quoi ça sert ? »).

## *Du cercle aux triangles*

Le cercle ne se prête donc pas à la quadrature. Mais remplaçons le carré par un triangle et nous allons voir qu'on peut le *triturer*. Pour commencer, fixons deux diamètres perpendiculaires, qui seront pour nous l'axe des $x$ et l'axe des $y$. À tout point du cercle correspond un triangle rectangle, et voici que se met en place la théorie et la pratique de la mesure des triangles, la *trigonométrie*. Nous allons l'utiliser pour faire un peu d'arithmétique.

Rappelons qu'un triplet pythagoricien est une liste de trois entiers $(a, b, c)$ qui sont les longueurs des côtés d'un triangle rectangle. Bien sûr, (3, 4, 5) est un triplet pythagoricien. Mais on peut faire nettement mieux : comme nous l'avons vu, voici trois mille cinq cents ans on savait déjà en Mésopotamie que (3 456, 3 367, 4 825) est un triplet pythagoricien, à la terminologie près puisque Pythagore allait naître mille ans plus tard ! Les mathématiques ont progressé en trente-cinq siècles, et on voudrait bien faire mieux que les Mésopotamiens, trouver un triplet avec des nombres de six chiffres, par exemple, ou s'assurer qu'il y a une infinité de triplets fondamentaux, c'est-à-dire constitués de nombres premiers entre eux. Comment procéder ?

La première remarque est qu'un triplet fondamental n'est rien d'autre qu'un point du cercle unité dont les deux coordonnées sont rationnelles : en divisant par $c^2$, on transforme la relation de Pythagore $a^2 + b^2 = c^2$ en

$$(a/c)^2 + (b/c)^2 = 1$$

et dès lors que les fractions $a/c$ et $b/c$ sont écrites sous forme irréductible le triplet est fondamental. La deuxième remarque, cruciale, est que l'ensemble $\Gamma$ des points du cercle dont les deux coordonnées sont rationnelles est un *sous-groupe* du cercle unité. Autrement dit, en composant les rotations correspondantes, on reste dans l'ensemble. C'est une conséquence immédiate du fait que, si deux nombres complexes ont leurs parties réelles et imaginaires rationnelles, c'est encore le cas de leur produit. Contentons-nous de prendre le carré du nombre complexe $a/c + ib/c$ : il montre que, si $(a, b, c)$ est une triplet fondamental, c'est aussi le cas de $(a^2 - b^2, 2ab, c^2)$, et nous pouvons bien sûr réitérer la procédure. Par exemple, si nous partons de (3, 4, 5), nous obtenons successivement (7, 24, 25), (527, 336, 625) et (164 833, 354 144, 398 625). Continuer indéfiniment établit l'existence d'une infinité de triplets fondamentaux.

Mission accomplie, nous avons épaté les Mésopotamiens ! Mais bien sûr l'essentiel n'est pas là. L'étude des triplets pythagoriciens est facile, l'approche ci-dessus permet avec un peu de trigonométrie d'en établir la forme générale. Elle montre de plus, au moyen d'un théorème attribué à Fermat suivant lequel tout nombre premier de la forme $4k + 1$ est la somme de deux carrés, que tous ces premiers $p = 4k + 1$ figurent comme troisième terme d'un triplet pythagoricien, ce qui donne une démonstration un peu plus profonde de l'infinité des triplets fondamentaux. C'est bien, mais la meilleure conclusion de notre travail, c'est que tout se passe dans le groupe $\Gamma$ des nombres complexes de module 1 dont les deux coordonnées sont rationnelles. La détermination des triplets pythagoriciens n'est pas un défi arithmétique, ni un problème de géométrie, c'est une question de théorie des groupes, totalement élucidée puisque le groupe $\Gamma$ est facile à analyser.

Qu'est-ce qu'un cercle, finalement ? C'est le plus petit des groupes compacts connexes commutatifs non réduits à un point. Ce n'est peut-être pas la réponse que l'on attendrait. Mais c'est la plus féconde, car elle donne naissance à une direction de recherche. Bientôt, nous remplacerons le cercle par une courbe plus complexe : une cubique non dégénérée (voir « Les courbes elliptiques réelles »). Nous verrons qu'une démarche très similaire s'applique et ouvre la voie vers ce qu'on appelle aujourd'hui la *géométrie arithmétique*. Elle est sensiblement plus délicate, mais elle nous donne accès à des résultats arithmétiques cachés, et mieux encore à des questions ouvertes ! Car, si nous comprenons le degré 2, le degré 3 demeure largement énigmatique.

## *La physique au deuxième degré*

Si nous voyageons en fermant les yeux, nous ne saurons pas où nous sommes, ni à quelle vitesse nous nous déplaçons. Par contre, nous percevrons les accélérations et les ralentissements, tout simplement grâce à la force qui s'exercera alors sur notre corps. Nous n'avons donc pas besoin d'un repère extérieur pour mesurer l'accélération, autrement dit la variation de la vitesse, ou encore la variation de la variation de la position, ce que les mathématiciens appellent sa *dérivée seconde*. Ce principe simple a une dimension universelle : un élève mesurera fort bien les efforts qu'il fait pour progresser sur un sujet sans avoir besoin de notes ou de comparaisons, sa fatigue suffira. Ce que nous percevons, ce sont les accélérations, les dérivées secondes, et les échanges d'énergie qu'elles induisent.

Newton a fait de ce principe le fondement de sa dynamique, par l'équation qui relie force et accélération

$$\vec{F} = m\vec{\gamma}.$$

Cette équation, couplée au résultat – que l'on doit encore à Newton – suivant lequel la gravitation s'exerce proportionnellement aux masses et en proportion inverse du carré de la distance entre elles, explique merveilleusement l'omniprésence des coniques dans notre environnement physique. Aux paraboles que décrivent les ballons de rugby et les obus répondent ainsi les ellipses que décrivent les planètes autour du Soleil, comme Kepler a su l'observer avant même que Newton puisse l'expliquer. Nous vivons, à notre échelle du moins, dans un *univers quadratique*.

Le degré 2 occupe donc la place d'honneur dans les équations de la physique. Par exemple l'énergie s'exprime en fonction de la masse, du carré des longueurs et de l'inverse du carré du temps, comme nous le rappelle l'expression newtonienne de l'énergie cinétique

$$E = \frac{1}{2}mv^2$$

et la célèbre équation de la relativité restreinte

$$E = mc^2$$

par laquelle Einstein exprime l'équivalence entre la masse et l'énergie. Ces équations illustrent une idée simple et forte : le principe de symétrie. En effet, comme le temps y figure au carré, l'équation n'est pas modifiée si on remplace $t$ par $-t$, autrement dit si on change le sens de la « flèche du temps ». Voici un cas très simple d'invariance d'une équation par une transformation, ou plus généralement par une famille de transformations, que l'on appelle aujourd'hui un *groupe*. L'attitude moderne consiste à changer de point de vue : plutôt que de partir d'une équation et de faire la liste des transformations qui la laissent invariante, on part d'un groupe de transformations et on en considère *a priori* les invariants qui sont des grandeurs physiques observables, du moins en théorie. Depuis un peu plus d'un siècle, les physiciens ont fait grand usage de cette idée, au moyen de groupes de transformations qui portent en général un illustre nom propre : Galilée, Lorentz, Poincaré, Heisenberg... L'idée, pourtant, trouve son origine dans l'algèbre, et nous aborderons plus tard l'œuvre d'Évariste Galois (1811-1832) où le principe de symétrie déploie toute sa puissance (voir « La théorie de Galois »).

## *L'espace de Hilbert*

Revenons à l'expression de l'énergie cinétique au moyen du carré de la vitesse, appliquée non pas à un seul corps de masse $m$ mais à une collection de $n$ objets de masses et de vitesses variables. L'énergie devient alors une somme pondérée de $3n$ carrés. Et nous voici dans une situation familière ! Le théorème de Pythagore nous dit que le carré de la longueur d'un segment est la somme des carrés de ses coordonnées sur des vecteurs de base orthonormaux. Bien sûr, si on se restreint à la géométrie familière, visuelle, on doit se limiter à trois coordonnées au plus. Mais cela n'a aucun sens de s'interdire de considérer l'énergie cinétique d'un système constitué d'un nombre arbitraire d'objets. Par conséquent nous sommes invités à étendre le théorème de Pythagore aux espaces de dimension $k$ (où chaque vecteur a $k$ coordonnées), et même avec un peu d'audace aux espaces de dimension infinie : en effet si le système dont nous voulons exprimer l'énergie cinétique contient de très nombreux constituants de très petite masse (pensons par exemple aux molécules d'un fluide), il est naturel de passer à la limite et d'exprimer l'énergie cinétique comme l'intégrale du carré d'une fonction :

$$E = \frac{1}{2} \int v^2(\omega)\, dm(\omega).$$

L'énergie cinétique d'un système physique nous conduit donc à considérer l'espace des fonctions de carré intégrable définies sur l'ensemble de ses constituants. Nous venons de définir un objet central des mathématiques contemporaines, qu'on appelle l'*espace de Hilbert*. Le lecteur qui le rencontre pour la première fois est invité à y penser comme à un espace géométrique, où vivent des vecteurs qui ont des longueurs, forment entre eux des angles, comme ceux de la géométrie élémentaire dans l'espace usuel de dimension 3. Cependant, l'espace de Hilbert est de dimension infinie, et ses vecteurs sont des fonctions dont la « longueur », la *norme* dans la terminologie des mathématiciens, est la racine carrée de l'intégrale du carré de la fonction.

Cet espace et l'algèbre de ses transformations linéaires continues font l'objet de recherches intenses depuis près d'un siècle. Pourquoi tant d'efforts ? Tout simplement parce qu'il fournit un cadre idéal dans lequel s'expriment des notions d'apparences très diverses qui s'en trouvent ainsi unifiées, avec tous les transferts d'idées que cette unification permet. Ainsi, lorsque nous modélisons l'évolution d'un phénomène physique, la conservation de l'énergie s'exprime par l'invariance des longueurs, et nous avons couplé une donnée physique avec une propriété géométrique. Donnons d'autres exemples, en vrac et très schématiquement.

Dans le calcul des probabilités, l'espérance d'une variable aléatoire est son produit scalaire avec la fonction constante égale à 1, l'écart-type est la distance à la droite engendrée par cette fonction, le coefficient de corrélation de deux variables aléatoires est le cosinus de l'angle qu'elles forment, et deux variables aléatoires indépendantes sont donc orthogonales. La mécanique quantique modélise une particule comme un vecteur de l'espace de Hilbert, et une grandeur (vitesse, position), comme une application linéaire sur cet espace. Cette grandeur a une valeur numérique bien définie (égale à la valeur propre) si le vecteur est un vecteur propre de l'opérateur – et dans ce cas seulement –, et deux grandeurs sont simultanément observables lorsque les opérateurs correspondants ont les mêmes vecteurs propres, donc commutent. Enfin et surtout, un signal – pensons à une lumière, à un son – est un mélange pondéré de signaux « purs », de longueur d'onde donnée (voir « Percevoir et sentir »). La nature nous gratifie d'un magnifique exemple de décomposition d'un signal : c'est l'arc-en-ciel. Les musiciens nous donnent le *la* et leurs gammes. Les mathématiciens, quant à eux, unifient tout cela en décomposant un signal périodique sur la base orthogonale des harmoniques et obtiennent ce qu'on appelle une série de Fourier. Séries (et intégrales) de Fourier forment ainsi les outils de base de la théorie du signal, et c'est bien sûr dans l'espace de Hilbert que l'analyse de Fourier se développe harmonieusement.

Pythagore, géomètre et théoricien de la musique, en aurait été émerveillé : l'espace de Hilbert, où s'expriment pleinement les idées simples de la géométrie élémentaire des droites, des cercles et des sphères, permet de préciser la nature des sons. Mais aussi de décomposer la lumière, d'exprimer l'énergie d'un système, l'indépendance de deux événements aléatoires, de modéliser la physique des particules... et la liste n'est pas close ! Revenons au plus simple : les mathématiques nous apprennent qu'analyser la lumière qui provient d'une étoile lointaine ou le son qui provient de l'appartement du dessus, c'est finalement la même chose. Sans elles, l'aurions-nous compris ?

CHAPITRE II

# LE DÉVELOPPEMENT INTÉGRAL

Rectangles, triangles, polygones, figures encadrées par des polygones, disques et sections de parabole, secteurs de spirale, sans oublier les cubes, pyramides et sphères... Les Anciens se sont appliqués – avec quelle réussite – à mesurer les surfaces et les volumes. Et en vrais scientifiques conscients des limites de leur savoir, ils ont explicité les énigmes sur lesquelles ils butaient : trisection de l'angle, duplication du cube, quadrature du cercle. deux mille ans de réflexion nous ont permis de comprendre que, pour venir à bout de ces problèmes géométriques, il fallait sortir de la géométrie. Les mathématiques ne se laissent pas enfermer, et brisent tous les cadres dans lesquels on serait tenté de les confiner ! Et leur évolution va susciter quelques grandes idées. Pour les comprendre, commençons pour un plongeon.

## *Que j'aime à faire connaître un volume utile aux sages*

Tout le monde a entendu l'histoire : Archimède est aux bains quand il a soudain l'idée de la poussée qui porte son nom. Dans son enthousiasme il bondit hors de l'eau dans le plus simple appareil et s'élance au-dehors en criant « Eurêka ! ». Bizarre, pour les voisins, mais tous les scientifiques savent bien que l'instant où l'on trouve ce qu'on a longtemps cherché est un moment d'exaltation. Quoi de plus normal ? Les chercheurs ont leurs émotions comme tout le monde. L'anecdote est donc vraisemblable, cela ne l'empêche pas d'être très probablement une légende, mais peu importe. Ce qui est certain, c'est qu'Archimède a découvert le principe qui porte son nom et que nous allons maintenant énoncer.

Sur tout corps solide plongé dans un liquide s'exerce une poussée dirigée vers le haut égale au poids du liquide déplacé. C'est pour cela que les bateaux flottent, les icebergs aussi puisque l'eau est l'un des rares corps chimiques dont l'état solide soit moins dense que l'état liquide. C'est encore pour cela que la fonte des glaçons d'un whisky *on the rocks* ne change pas le niveau du liquide dans votre verre, et que la fonte de la banquise arctique ne change pas le niveau des mers. Comme nos enfants le constateront peut-être, il en va tout autrement pour les glaces qui ne flottent pas, celles du Groenland ou de l'Antarctique. Mais Archimède ne vivait pas dans un climat où il aurait pu employer de la glace dans une expérience qui lui aurait confirmé son principe. Comment a-t-il fait ?

Nous ne le savons pas avec certitude, mais nous sommes tout de même assez bien informés sur certaines de ses techniques. Il les expose en effet dans sa *Méthode*, qui nous est parvenue par une sorte de miracle. Archimède a vécu voici vingt-trois siècles et aucune page de sa main n'a subsisté. Le texte grec le plus ancien dont nous disposons aujourd'hui est une copie – ou, plutôt, une copie de copies – sur un parchemin du Xe siècle, qui contient en particulier l'unique exemplaire connu de la *Méthode*. Vers la fin du XIIe siècle, un moine bien intentionné recycle le parchemin et gratte la copie d'Archimède pour y écrire des prières. Heureusement, il n'est pas trop soigneux et le texte originel reste partiellement visible, perpendiculairement aux hymnes byzantins dont la présence, paradoxalement, le sauve. Le parchemin attend patiemment les temps modernes à l'abri d'un monastère, sans doute aux environs de Bethléem. Mais voici que l'Empire ottoman étend son pouvoir sur cette partie du monde. C'est donc à Istanbul qu'en 1906 le philologue Johan Ludwig Heiberg fait la découverte de sa vie et sauve de l'oubli ce qu'on appelle depuis le palimpseste d'Archimède. Il l'étudie, en photographie les pages, mais l'histoire n'est pas finie. Le palimpseste disparaît à nouveau et passe le XX^e^ siècle en France, propriété privée inaccessible aux chercheurs. Cela ne l'empêche pas d'être diversement endommagé au point que des pages en sont perdues. En 1998, il est mis aux enchères chez Christie's. Un acheteur anonyme mais éclairé l'acquiert pour deux millions de dollars et le met immédiatement à la disposition du Walters Art Museum de Baltimore. Il y est depuis restauré, étudié avec les moyens les plus modernes et son analyse fait l'objet de publications très attendues. Les aventures du palimpseste sont donc terminées... pour combien de temps ?

Revenons au maître lui-même. Archimède était bien trop génial pour opposer la théorie et la pratique, les mathématiques prétendument pures aux mathématiques prétendument appliquées. Ingénieur tout autant que mathématicien, il mobilisait face à un problème l'ensemble de ses compétences. La *Méthode* nous apprend qu'il utilisait des balances et des équilibres statiques non seulement à titre expérimental, mais également pour conjecturer l'expression de certaines surfaces et de certains volumes qu'il établissait ensuite rigoureusement par sa méthode d'exhaustion. En nous limitant aux outils dont il disposait (balances à fléau, poids, récipients), nous pouvons concevoir des expériences qui confirment le principe d'Archimède. Il ne fait guère de doute qu'il s'y est appliqué et qu'il a vérifié expérimentalement son résultat. Mais a-t-il aussi cherché à savoir, plus profondément, *pourquoi* s'exerçait cette poussée ? A-t-il établi un lien avec la résultante de la force de pression sur le bord du solide ? S'il l'a fait, il n'a sans doute pas été suivi.

Ne prenons pas congé d'Archimède sans commenter l'une de ses citations les plus connues, mais peut-être les moins comprises : *donnez-moi un point d'appui, et je soulèverai la Terre*. Il est possible que cette phrase soit historique. Elle a pu être prononcée devant une foule émerveillée de voir le savant mouvoir un bateau par un jeu de poulies, d'une simple pression de la main. On imagine volontiers notre ingénieur ravi d'épater ainsi la galerie, et désireux de marquer les esprits par une phrase choc. Mais là n'est pas l'essentiel. Si Archimède peut être l'auteur de cette phrase, c'est qu'elle reflète deux préoccupations qui ont nourri sa réflexion. La première fait écho à l'apologue socratique du « connais-toi toi-même ». Pour soulever la Terre, nous aurions besoin d'un point d'appui extérieur à celle-ci, mais comment faire ? Fils de la Terre comme Antée, nous ne pouvons nous appuyer que sur elle. Nous verrons plus tard d'autres instances – certaines plus mathématiques – de notre impuissance à agir sur un cadre qui nous englobe inéluctablement. Aurait-elle pu échapper à la sagacité du Syracusain ?

La seconde préoccupation est plus technique. Archimède a fondé sa méthode de sommation sur le lemme d'Eudoxe, qui ouvre le livre X des *Éléments* d'Euclide et que nous avons déjà rencontré (voir ci-dessus « Les limites du logos »). L'influence scientifique d'Archimède sera telle qu'on associe désormais son nom à ce lemme lorsqu'on dit que la droite réelle est *archimédienne*. Cela veut simplement dire qu'il y a un seul ordre de grandeurs non nulles, ou encore qu'il n'y a pas d'infiniment petits : si $\epsilon$ et $A$ sont donnés, en additionnant $\epsilon$ un certain nombre de fois avec lui-même on excède la valeur $A$. La tortue dépassera toujours Achille, s'il s'endort sur ses lauriers tandis qu'elle continue à son train de sénateur. C'est raisonnable, mais riche de conséquences. Archimède n'est pas l'inventeur de la théorie des leviers, mais il en connaît tous les principes. En termes de bras de levier, le lemme d'Eudoxe se traduit ainsi : quelles que soient les masses $m$ et $M$ en présence, $m$ soulèvera $M$ si le bras de levier est suffisamment long. Donc, puisque la masse de la Terre est finie, la force qu'exerce la main d'Archimède n'est pas infiniment petite par rapport à elle, et avec un levier approprié il peut la mouvoir. C'était une phrase choc, en effet.

## *Les frères ennemis*

Nous sommes dans les dernières années du XVII^e^ siècle, et deux savants de premier ordre éclairent le monde scientifique : le tout-puissant président de la Royal Society, sir Isaac Newton, et le diplomate, philosophe, logicien et mathématicien fondateur de l'Académie des Sciences de Berlin, Gottfried Leibniz. Ils ne s'aiment guère, et Newton s'enorgueillira plus tard d'avoir « brisé le cœur de Leibniz », ce qui n'ajoute rien à sa gloire. L'objet de leur convoitise commune cache ses charmes sous le nom peu alléchant de calcul intégral. De quoi s'agit-il ?

Dès le commencement, les géomètres se sont préoccupés de tracer des tangentes, et de mesurer des surfaces. Ces deux opérations paraissent d'abord complètement différentes, et la géométrie n'établit pas de lien intuitif entre elles. En effet, une tangente est une limite de sécantes, ou, comme on le disait autrefois, elle coupe la courbe en deux points confondus. L'aire d'une surface est juste un nombre, point.

Pour dépasser ce point de vue, nous avons besoin d'une première idée. Exprimons-la en termes géométriques : *la surface est au volume ce que le périmètre est à l'aire, et ce que la tangente est à la courbe*. Approfondissons un peu : la surface qui limite un volume, le périmètre qui borne une surface ont une signification géométrique claire. Le point, ou le double point, qui limite une courbe est un concept plus fugace. Nous le comprendrons mieux au moyen d'une définition nouvelle due à Leibniz, celle de fonction, du latin *functio* : accomplissement, exécution. Elle va nous permettre d'utiliser une méthode qu'on pourrait appeler la *variation de la constante*, et que voici. Un objet nous intéresse particulièrement. Au lieu de se focaliser dessus, on va considérer toute une famille d'objets qui jouissent de propriétés analogues. Cela peut demander un petit effort d'abstraction, et une capacité à reconnaître ce qui est important dans notre objet et à oublier le reste, mais les mathématiques sont bien là pour nous inviter à distinguer l'essentiel du superflu. Notre famille une fois définie, on en étudiera la dynamique, et on obtiendra des informations sur chacun de ses éléments et en particulier sur l'objet de notre première attention.

Utilisons donc nos fonctions et leurs graphes, tels que nous les avons appris au lycée. Dans le cas le plus simple – le plus important aussi –, les portions du plan dont nous voulons calculer l'aire sont bornées par l'axe horizontal, l'axe vertical, le graphe d'une fonction $f$ et une droite verticale dont on note l'abscisse $x$. Considérons cette droite comme variable, le reste étant fixe. L'aire variera en fonction de $x$, avec une vitesse égale à la longueur du segment qui va de l'axe au graphe (voir figure 4). Nous venons donc de remarquer que la dérivée de l'aire est la fonction. En termes géométriques, on passe de l'aire au graphe comme on passe du graphe à la tangente. Donc, pour calculer l'aire il suffit de trouver une fonction $F$ dont la dérivée est $f$, fonction qu'on appelle la *primitive* de $f$.

Avec le recul du temps, cette méthode paraît si simple qu'on sous-estime le progrès qu'elle a représenté. En effet l'intégrale est

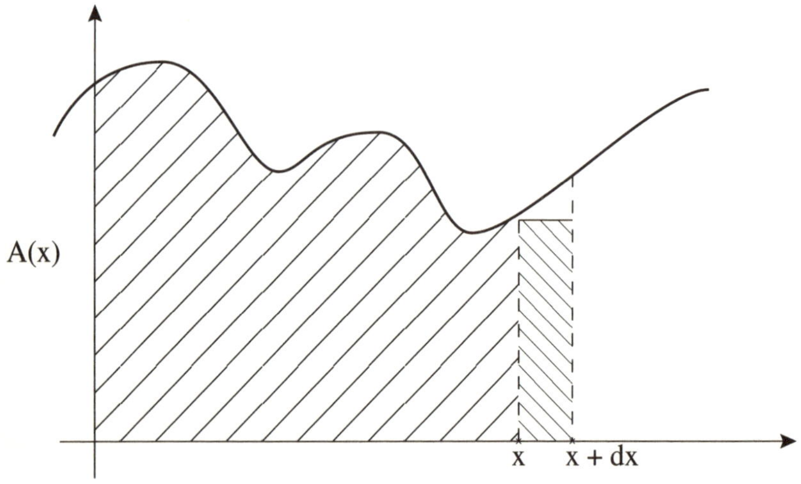


Figure 4

$$A(x+dx) - A(x) \simeq f(x)dx$$

une limite de sommes, la dérivée est une limite de différences. On emploie d'ailleurs couramment les mots « sommer » pour intégrer et « différencier » pour dériver. Il est donc patent que les opérations correspondantes sont inverses l'une de l'autre. Mais réalisons qu'avant d'écrire cela il nous a fallu dépasser la perception géométrique des aires et des tangentes, et calculer : en d'autres termes, inventer la géométrie dite analytique, ou algébrique lorsqu'on se limite à des fonctions polynomiales. Et, pour pouvoir faire cela, il fallait d'abord dégager le concept même de *fonction*, outil de calcul mais aussi, dès Leibniz, opérateur qui envoie un nombre sur un autre. Nous y pensons aujourd'hui comme à une flèche entre deux ensembles, numériques ou non. Cette définition cruciale dynamise donc l'analyse, comme l'analyse avait en son temps dépassé la géométrie.

Avant de développer d'autres applications de la « variation de la constante », il est tentant de revenir sur la polémique qui a déchiré Newton et Leibniz. Comment les comparer ? Newton était sans aucun doute le plus grand savant de son siècle. Oui, mais Leibniz était en avance sur son temps, au point qu'il ne pouvait plus en être compris. Il a été au plus profond des choses, et il a fallu attendre le XX$^{e}$ siècle, et dans son sillon Hilbert et Gödel, pour qu'enfin justice lui soit rendue. Sa terminologie (fonction, coordonnées, nombre transcendant...) et ses notations ($df$, $dx$, signe intégral...) sont devenues les nôtres. Il est mort dans la solitude, et un seul domestique a suivi le corbillard qui emportait son corps au cimetière. Qu'importe, il voyait bien au-delà, bien au-dessus de tout cela.

## *Les entiers invariables*

Le paragraphe précédent souligne quels bénéfices on sait tirer d'une vision dynamique de la géométrie. Considérons tous les disques au lieu d'un seul, et nous passons par une simple intégration de l'expression du périmètre $P = 2\pi R$ à celle de la surface $S = \pi R^2$. Considérons toutes les sphères et c'est la dérivation qui nous fait passer du volume d'une boule $V = 4/3\ \pi R^3$ à la surface d'une sphère $S = 4\pi R^2$. Les exemples de ce type sont légion. Dans certains cas comme ci-dessus, la famille d'objets à considérer va de soi : il est clair que ce qui paramètre un disque ou une sphère, c'est son rayon, ces objets et les grandeurs qui leur correspondent vont donc être *fonction du rayon* et de lui seulement. Parfois c'est moins évident, mais on a quand même envie de chercher un peu, et de tester les limites d'une démarche qui n'a pas vocation à se limiter à la géométrie. Considérons par exemple une expression algébrique, au hasard l'entier 1729 : il va « être une fonction » de quoi ?

Appelons « anneau » un ensemble $A$ muni de deux opérations, l'addition et la multiplication, qui possèdent les mêmes propriétés formelles que celles des nombres entiers relatifs (c'est-à-dire positifs ou négatifs) : les règles du calcul s'appliquent, $A$ contient un 0 et un 1, pour tout $a$ dans $A$ on peut considérer $(-a)$, mais par contre $1/a$ n'est pas nécessairement dans $A$, même si $a$ est non nul. Il y a de très nombreux exemples naturels d'anneaux : les entiers relatifs $\mathbf{Z}$, mais aussi les polynômes à coefficients réels $\mathbf{R}[X]$, les fonctions de variables réelles, les nombres de la forme $a + b\sqrt{N}$ où $a$ et $b$ sont entiers et où $N$ est un entier donné, les anneaux de Boole, et bien d'autres. Certains de ces anneaux sont constitués de fonctions, plus ou moins par définition, d'autres sont faits de nombres ou d'ensembles. On voudrait bien approfondir un peu tout cela et rapprocher ces points de vue en les voyant tous comme des anneaux de fonctions.

Nous avons besoin pour cela de ce qu'on appelle le *spectre*. Prenons l'exemple de l'anneau $\mathbf{C}[X]$ des polynômes à coefficients complexes, et fixons un nombre complexe donné $z$. L'ensemble $I_z$ des polynômes qui s'annulent en $z$ est un *idéal* de $\mathbf{C}[X]$, c'est-à-dire que c'est un sous-ensemble stable par l'addition et la multiplication, et qui satisfait de plus la propriété suivante : si $P$ est dans $I_z$ alors pour tout $Q$ dans $\mathbf{C}[X]$, le produit $PQ$ est dans $I_z$. Cet idéal est *maximal*, c'est-à-dire qu'il n'est contenu dans aucun idéal autre que $\mathbf{C}[X]$ lui-même. On montre sans trop de difficulté que tous les idéaux maximaux de $\mathbf{C}[X]$ sont de la forme $I_z$, où $z$ parcourt $\mathbf{C}$.

On peut donc hardiment *identifier* le plan complexe avec l'ensemble des idéaux maximaux de l'anneau $\mathbf{C}[X]$. Un élément de $\mathbf{C}[X]$ apparaît alors comme une fonction sur l'ensemble des idéaux maximaux de cet anneau. Mais un idéal maximal d'un anneau $A$, c'est simplement un sous-ensemble de $A$ qui jouit de propriétés algébriques qui n'ont rien à voir avec la « nature » des éléments de $A$. Et nous voici conduits à considérer *un anneau A comme une famille de fonctions sur l'ensemble de ses idéaux maximaux*, que l'on appelle le spectre de $A$. Ajoutons que ce que nous venons d'esquisser pour les anneaux de polynômes s'étend assez bien aux anneaux associés à des variétés algébriques, et permet d'étudier les singularités (points doubles, points de rebroussement, de pincement, etc.) de ces variétés en termes d'idéaux. C'est l'objet de la géométrie algébrique moderne.

À quoi cela peut-il servir ? Revenons aux polynômes. Le plan complexe n'est pas seulement un ensemble sèchement algébrique de points juxtaposés. Il a bien entendu une structure géométrique, et, si la géométrie est maintenant dépassée, ce n'est pas pour autant qu'il faut l'oublier ! En particulier, nous pouvons dériver les polynômes, leur dérivée est bien sûr elle aussi polynomiale. La dérivation définit donc une application $D$ de $\mathbf{C}[X]$ dans lui-même, et on vérifie facilement que $P$ a toutes ses racines simples exactement quand $P$ et $D(P)$ sont premiers entre eux. Mais, exprimé en langage algébrique, c'est un résultat fondamental ! Il nous dit que les facteurs premiers de la décomposition de l'élément $P$ de l'anneau $\mathbf{C}[X]$ apparaissent tous au degré 1 si et seulement si $P$ et $D(P)$ sont premiers entre eux. Nous avons donc une méthode très simple, l'algorithme d'Euclide appliqué au couple formé par $P$ et $D(P)$, pour décider si $P$ est « sans facteur carré », et qui plus est sans avoir besoin d'exhiber la décomposition de $P$. Merci la dérivation !

Les anneaux qui ont le bon goût d'avoir suffisamment de dérivations (en termes algébriques, d'applications linéaires $D$ telles que $D(ab) = aD(b) + D(a)b$) et dont nous venons de voir un exemple sont donc plus faciles à analyser, dès lors qu'on s'intéresse aux décompositions de leurs éléments en facteurs premiers. Mais il y a un anneau qui nous intéresse bien plus que tous les autres, le seul dont absolument tout le monde a besoin : c'est l'anneau **Z** des entiers. Que se passe-t-il quand on veut lui appliquer les idées ci-dessus ?

C'est facile à voir. Le spectre de **Z** s'identifie à l'ensemble $P$ des nombres premiers. Plus précisément, à tout nombre premier $p$ correspond l'idéal maximal $I_p$ constitué de l'ensemble des multiples de $p$. Un entier $n$ s'identifie à une fonction sur $P$ : à tout nombre premier $p$, la fonction $n$ fait correspondre le reste de la division de $n$ par $p$. Par exemple, $1729(5) = 4$ et $1729(7) = 0$. Chaque entier non nul, vu comme une fonction sur $P$, ne s'annule qu'un nombre fini de fois, sur les nombres premiers qui le divisent. Ceux-ci apparaissent donc comme des racines, simples ou non, de l'entier vu comme fonction. Une petite remarque en passant : à tout élément d'un anneau $A$ correspond une fonction sur le spectre de $A$, mais en général cette fonction ne prendra pas de valeurs réelles ou complexes ! Dans le cas de **Z**, chaque entier prend au point $p$ des valeurs dans le corps à $p$ éléments $\mathbf{Z}/p\mathbf{Z}$. L'approfondissement moderne de ce point de vue a conduit à ce qu'on appelle l'anneau des *adèles*, premier objet du profond « programme de Langlands ».

Nous avons déjà fait la moitié du travail, nos entiers sont maintenant des fonctions qui s'annulent un nombre fini de fois, presque des polynômes... Peut-on les dériver ? Hélas non. Déception. Le spectre de l'anneau **Z**, l'ensemble des nombres premiers, n'a pas une belle structure différentielle ou géométrique comme un plan ou une droite, et l'entier dérivé d'un entier donné n'existe pas car il n'y a pas de dérivation non nulle sur **Z**. C'est bien naturel, d'ailleurs : arbitrairement près d'un nombre réel ou complexe, on en trouve d'autres et donc les limites ont un sens. Mais chaque nombre premier est seul sur son île, et entre ces îles il n'y a rien, rien du moins qui puisse nous aider à comprendre la factorisation dans **Z**.

Pas de dérivation sur **Z**, donc, avec cette conséquence fâcheuse et surprenante au premier abord : l'arithmétique des entiers est plus compliquée que celle des polynômes. Les spécialistes disent plus généralement que les corps de nombres sont plus difficiles à analyser que les corps de fonctions. En particulier, nous ne disposons à ce jour d'aucun algorithme simple qui permettrait de décider si un entier donné est sans facteur carré (en d'autres termes, n'est divisible par aucun carré autre que 1), contrairement au cas des polynômes. On pourrait penser que ça n'est pas bien grave, comme toujours quand on rencontre un problème de mathématiques pures qui n'intéresse que quelques spécialistes... Erreur, dans ce cas-là comme dans d'autres : la factorisation des grands entiers joue un rôle majeur dans la cryptographie moderne, et un algorithme qui distinguerait les entiers sans facteur carré attirerait beaucoup d'attention, et beaucoup d'euros. Il n'y a pas plus de mathématiques pures que de mathématiques impures, troubles ou mélangées.

Revenons à notre spectre $P$. Il peut quand même conduire à des transferts d'idées géométriques ou analytiques vers l'arithmétique, mais il faut pour cela affiner notre point de vue. Un entier $n$, si vous préférez une fonction sur $P$, peut se développer en un point $p$ par une « formule de Taylor » comme un polynôme : ce développement est exactement l'écriture de $n$ en base $p$. Une généralisation s'impose : l'analyse nous a appris que la formule de Taylor s'étendait aux fonctions non polynomiales, comme le sinus ou l'exponentielle, qu'on développe autour d'un point en *série* de Taylor. Nous sommes donc invités à considérer des développements *infinis* en base $p$. Il faut bien sûr créer un cadre rigoureux où ces développements ont un sens : nous concevons bien qu'un nombre réel ait une infinité de décimales à droite, après la virgule, mais nous sommes moins préparés à ce que l'écriture d'une quantité numérique ait une infinité de chiffres sur la *gauche*. Pourtant ce cadre rigoureux existe bien, c'est celui des entiers $p$-adiques, créé à la fin du XIX^e^ siècle par Hensel et très employé pour transférer des idées de l'analyse vers l'arithmétique (voir *L'AdN*, chapitre 7).

Pourquoi notre tentative d'appliquer le calcul des dérivées à l'arithmétique a-t-elle échoué ? Revenons à notre méthode de variation des constantes. Quand les objets de notre étude (surfaces, volumes, fonctions) dépendent de paramètres réels ou complexes, ou plus généralement de paramètres qui sont susceptibles de petites variations, nous avons un angle d'attaque. N'est-il pas tentant, face à un quelconque phénomène, de le perturber, de le titiller un peu pour voir comment il réagit ? Il n'y a pas que les mathématiciens pour y penser. Mais quel nombre premier peut-il être considéré comme une petite perturbation du nombre 163 ? Notre impuissance souligne un fait crucial, qui mérite un instant de réflexion : *ce que nous sommes incapables d'analyser, c'est le point*. Ou ce que nous prenons pour un point, myopes que nous sommes.

## *Plus de variables, des fonctions !*

La découverte du lien entre calcul différentiel et calcul intégral a transformé la science du XVII^e siècle, et nous avons vu le rôle central qu'a joué le concept de fonction dans ce bouleversement. Il en est sorti un *calculus* si efficace qu'il a satisfait les mathématiciens pendant deux siècles. Aussi longtemps que les fonctions qu'on se proposait d'intégrer étaient continues et même dérivables en tous les points ou peu s'en faut, les méthodes de Newton et de Leibniz, formalisées plus tard par Riemann, suffisaient bien. L'adage suivant lequel « la nature ne fait pas de sauts » qui avait cours à l'époque suggérait d'ailleurs que les fonctions continues étaient bien celles dont on avait besoin pour modéliser le monde qui nous entoure.

Cette situation confortable ne pouvait durer, bien entendu. À notre échelle et pour des phénomènes simples, la nature ne fait pas de sauts, en effet : le passe-muraille n'existe que dans le roman de Marcel Aymé. Mais les effets de seuil, les changements de phase, les effondrements et les explosions sont des faits qu'il est particulièrement important de prévoir, et pour cela il faut calculer sur des fonctions peut-être moins raisonnables. D'ailleurs, dès le début du XIX^e siècle, le développement de l'analyse de Fourier et les premiers balbutiements de la théorie du signal ouvrent la voie à la considération de fonctions « arbitraires », puis, par les travaux de Cantor, à la théorie des ensembles (voir

*L'AdN*, chapitre 8). C'est encore au XIX^e siècle qu'on commence à comprendre que les mathématiques permettent aussi l'analyse de phénomènes moins naturels, comme la fluctuation des cours de la Bourse ou la meilleure stratégie pour les jeux où le hasard intervient. Le besoin se fait donc sentir d'approfondir la théorie des probabilités et ses applications en statistiques. Ces raisons, parmi d'autres, conduisent les mathématiciens des années 1900 à vouloir intégrer des fonctions très générales. Le temps où l'agriculture motivait les premiers calculs d'aire est loin désormais, nous sommes bien plus ambitieux : il ne s'agit plus d'estimer la surface d'un champ un peu biscornu, mais de calculer l'aire d'une partie *quelconque* du carré. Peut-on faire cela ?

Nous devons la réponse à Henri Lebesgue (1875-1941), auteur d'une thèse superbe publiée en 1901 et conçue alors que, jeune normalien fraîchement agrégé, il enseignait à plein temps à Nancy en classe préparatoire à l'École centrale. Ne faisons pas durer le suspense : la réponse est qu'on peut calculer l'aire de toutes les parties bornées du plan *qui existent vraiment*. Cette fin de phrase peut éveiller la curiosité du lecteur et nous allons y revenir. Mais parlons d'abord des idées de Lebesgue.

Les calcul de primitives, les *quadratures*, comme on disait autrefois en hommage discret aux Anciens, suggèrent naturellement un découpage vertical « à la Riemann » de l'aire à calculer. On l'approche ainsi par la somme des aires de rectangles verticaux, de plus en plus étroits, en espérant bien sûr que nos approximations vont converger (voir figure 5a). Si la fonction qu'on intègre est continue, tout va bien : l'endroit où l'on choisit de placer nos verticales n'est pas bien important. On le voit et cela se démontre sans peine. Par contre si la fonction cesse d'être continue, c'est une tout autre histoire : si on décide d'estimer annuellement le niveau moyen d'un compte en banque en choisissant un jour par mois, on n'obtient pas le même résultat si on prend systématiquement la veille du jour où le salaire est versé plutôt que le lendemain ! Il faut donc une nouvelle idée. La voici.

Lebesgue va remplacer les coupures verticales par des coupures horizontales (voir figure 5b). En d'autres termes, pour

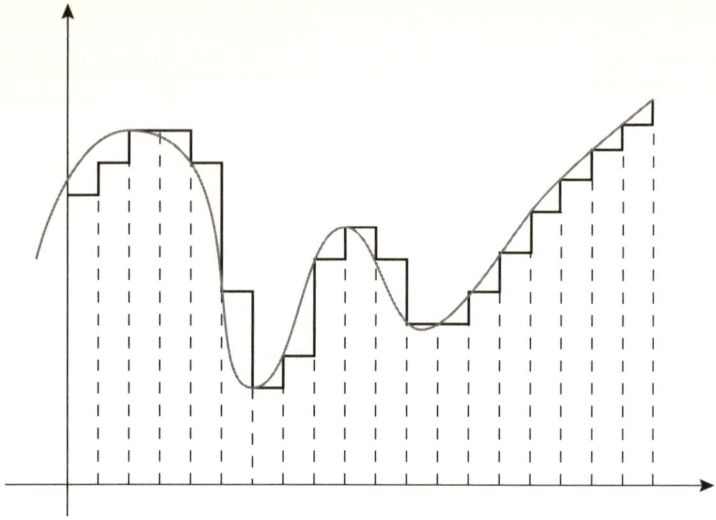

Figure 5a
Méthode de Riemann

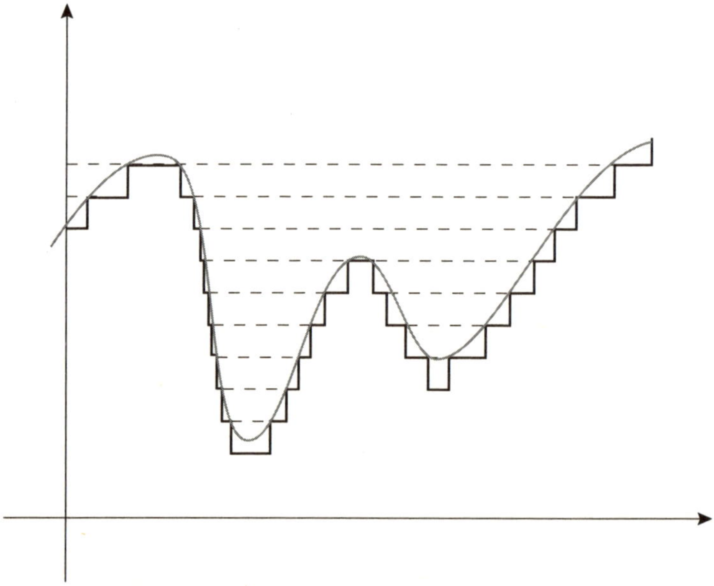

Figure 5b
Méthode de Lebesgue

estimer l'aire entre l'axe horizontal et le graphe de la fonction $f$, il va remarquer que, si $f$ vaut à peu près $v$ sur un ensemble $E$ de mesure $m$, alors la contribution de cet ensemble à la valeur de l'intégrale sera à peu près $v \times m$. Par conséquent, ce n'est pas l'axe des $x$ qu'il faut découper en petits intervalles, c'est l'axe des $y$ ! Et on fera la somme pondérée par $v$ des mesures des ensembles où la fonction $f$ vaut à peu près $v$.

C'est simple, mais il fallait y penser. Le choix des verticales qui nous gênait tout à l'heure n'a plus la moindre importance : pour avoir une bonne idée du niveau moyen d'un compte en banque, au lieu de le consulter le 27 de chaque mois, on regarde avec quelle fréquence il vaut à peu près $x$ euros. Cela demande un meilleur suivi, bien entendu, mais c'est à ce prix que l'on obtient une information fiable et utile. La banque n'a d'ailleurs pas attendu Lebesgue pour comprendre tout cela : ce qui l'intéresse, et son client aussi puisque c'est là-dessus qu'il paie les agios, c'est de savoir pendant combien de jours le compte est à découvert et non s'il passe en positif tous les 27 du mois ! Prenons une autre comparaison, que Lebesgue lui-même a utilisée. À l'issue d'une lucrative journée de travail, le patron du café « Au $v$ intégral » fait sa caisse. S'il procède à la Riemann, il va intégrer par rapport au temps, donc calculer tout ce qu'il a touché entre 6 et 7 heures du matin, puis entre 7 et 8, etc. et faire la somme de ces montants. Mais il est plus malin que cela, il calcule à la Lebesgue, en classant dans sa caisse les pièces et billets qu'on lui donne : peu lui importe si on lui a donné tel billet de 5 euros le matin ou le soir, la journée finie il compte tous ses billets de 5 euros, donc la contribution de la valeur « 5 euros », et des autres valeurs, à sa recette.

Cette méthode des sections horizontales est donc naturelle, et elle suscite un changement profond de point de vue. Ce qui importe quand on veut calculer l'intégrale d'une fonction $f$, c'est la *distribution* de $f$ : avec quelle fréquence prend-elle certaines valeurs ? Deux fonctions qui ont la même distribution auront la même intégrale, bien que l'une puisse être continue et l'autre, très irrégulière. Le calcul intégral nous a familiarisé avec l'idée de variable muette : qu'on note $f(t)dt$ ou $f(u)du$ ne change rien, le nom donné à la variable n'est qu'une convention. Mais l'approche de Lebesgue va plus loin : la variable disparaît purement et simplement. Et cette disparition est effective dans des cas très élémentaires. Prenons l'exemple de l'espérance d'une variable aléatoire $X$ à valeurs entières. Cette espérance est son intégrale sur l'espace de probabilité sous-jacent. Mais pour la calculer nous n'avons besoin que de la probabilité des événements $\{X = n\}$. Nous nous sommes donc affranchis de la variable, et les objets naturels sont désormais les distributions, avec en leur cœur les omniprésentes distributions gaussiennes qui ne se soucient pas de savoir si la « variable » est un être humain, une erreur de mesure, un coefficient binomial, une molécule dans un gaz ou un vecteur de l'espace de Hilbert (voir « De l'ordre dans le chaos »).

Revenons aux travaux de Lebesgue. Il va de soi qu'il ne suffit pas de décider que désormais on découpera les surfaces horizontalement pour obtenir sans effort une meilleure théorie de l'intégration. Le prix à payer est qu'au lieu d'approcher la fonction $f$ qu'on veut intégrer par des fonctions très simples, constantes sur des segments, on l'approxime par des fonctions beaucoup moins régulières, qui sont constantes sur les ensembles où $f$ vaut à peu près quelque chose. Même si $f$ est continue, ces ensembles peuvent être compliqués, *a fortiori* bien sûr si $f$ est l'une de ces fonctions très discontinues qu'on veut enfin parvenir à intégrer. Pour y parvenir, nous avons besoin de mesurer des ensembles très généraux. Lebesgue va montrer que c'est possible, en les approchant par des ensembles plus simples (un fermé dedans, un ouvert dehors) comme Archimède encadrait ses surfaces entre deux polygones. Sa *Note aux Comptes rendus de l'Académie des sciences* du 29 avril 1901 est si limpide que je ne résiste pas au plaisir d'en citer un passage : « Considérons un ensemble de points de $(a, b)$ ; on peut d'une infinité de manières enfermer ces points dans une infinité dénombrable d'intervalles ; la limite inférieure de la somme des longueurs de ces intervalles est la mesure de l'ensemble. Un ensemble $E$ est dit *mesurable* si sa mesure augmentée de celle de l'ensemble des points ne faisant pas partie de $E$ donne la mesure de $(a, b)$. Voici deux propriétés de ces ensembles : une infinité d'ensembles mesurables $E_i$ étant donnée, l'ensemble des points qui font partie de l'un au moins d'entre eux est mesurable ; si les $E_i$ n'ont deux à deux aucun point commun, la mesure de l'ensemble obtenu est la somme des mesures des $E_i$. L'ensemble des points communs à tous les $E_i$ est mesurable. »

Voici comment nos pères parlaient de mathématiques, en n'employant des termes techniques ou des symboles que lorsqu'ils ne pouvaient faire autrement. Sommes-nous plus clairs que Lebesgue lorsque nous disons qu'il a montré l'existence d'une mesure $\sigma$-additive qui prolonge la mesure des intervalles, sur la tribu complète engendrée par ceux-ci ? J'ai bien peur que non. Écrivons plutôt quelque chose que Lebesgue ne savait pas encore en 1901, et que les logiciens ont établi : tous les sous-ensembles définissables de la droite, du plan ou de l'espace, c'est-à-dire ceux dont la *définition* ne requiert pas l'usage de l'axiome du choix ou d'autres axiomes de la théorie des ensembles, sont mesurables. À ce jour les physiciens, les biologistes ou les statisticiens n'ont pas eu besoin de recourir à des ensembles non définissables. Le statut ontologique de ces derniers est d'ailleurs discuté, au point que pour quelques mathématiciens de premier plan ils ne sont guère plus que des facilités de langage qui ne servent finalement à rien. Sans aller jusque-là, nous pouvons affirmer que les fonctions continues ne suffisent pas à décrire la nature, mais que, dans l'état actuel de nos connaissances, les fonctions mesurables suffisent bien. Heureusement d'ailleurs sinon c'est la notion même de mesure d'un phénomène qui serait en cause ! Jusqu'à nouvel ordre, tous ceux qui pratiquent l'intégration n'ont donc pas de souci à se faire.

Remercions monsieur Lebesgue et quittons-le l'esprit en paix : en pratique, nous pouvons intégrer toutes les fonctions, disons bornées sur un ensemble borné pour éviter des valeurs infinies, si discontinues soient-elles. C'est précieux ! Les utilisateurs des mathématiques aiment bien qu'on les rassure, et les mathématiciens sont là pour leur dire : « Ne vous en faites pas, on a fait le boulot rigoureux et ça marche. » Du moins, ils devraient être là pour ça. N'est-ce pas ?

## *Les moyens du bord*

C'est avec tous nos sens qu'au plus profond de notre enfance nous avons fait la découverte primale des limites de notre propre corps et de celui de notre mère, détaché du nôtre. La prise de conscience de notre unité biologique, la distinction entre ce qui est moi et ce qui n'est pas moi, est l'une des clés de voûte de notre équilibre mental. Cette première différenciation a ouvert la voie à toutes les autres, qui structurent plus ou moins heureusement notre perception du monde.

Par la vision et le toucher, nous continuons à percevoir continuellement le bord des objets qui nous entourent. Le concept est si universel que nous partageons sans difficulté les métaphores et les sublimations qu'il suscite : sentiment d'appartenance, idée de propriété, frontières, bornes à ne pas dépasser, limites de nos connaissances ou pays au bord du désastre... Personne ne s'étonnera donc que les mathématiciens aient beaucoup réfléchi à cette notion. Glanons quelques idées dans leur récolte.

Le calcul intégral, tel que l'ont découvert Newton et Leibniz, fait la part belle à l'usage du bord : c'est sa variation qui nous fait comprendre que l'intégration s'inverse en dérivation. Mais, si créatifs que ces frères ennemis aient pu être, ils n'ont pas tout inventé. Leurs prédécesseurs grecs et arabes, dont ils connaissaient certains travaux, avaient bien préparé le terrain. Le plus grand d'entre eux avait établi le principe fondamental qui relie un volume à son bord. Son résultat relevait de l'hydrostatique, et nous ne savons pas dans quelle mesure il en a nourri ses réflexions mathématiques. Mais vous avez déjà reconnu, bien sûr, ce principe et son auteur.

Le principe d'Archimède se prête volontiers à des vérifications expérimentales. C'est une chose de le constater, une autre de le comprendre. Nous avons besoin pour cela de la notion de *pression*, qui attendra la Renaissance pour être vraiment dégagée. Plongeons complètement un solide dans un fluide, de l'eau pour faire simple : si le solide est poussé vers le haut, c'est parce que la force de pression qui s'exerce au fond est supérieure à celle qui s'exerce en surface, proportionnellement à la profondeur. Mathématiquement, nous disons que le gradient de la pression est l'accélération de la pesanteur multipliée par la densité du fluide, soit

$$\overrightarrow{grad}(P) = \rho \overrightarrow{g}.$$

La force de pression s'exerce sur une surface perpendiculairement à elle et proportionnellement à son aire. Deux petits calculs vont alors montrer que l'intégrale de la force de pression sur le bord du solide est égale au poids du liquide déplacé, et que la force s'applique au barycentre du volume correspondant. Le solide évoluera donc vers une position où son centre de gravité sera à la verticale et en dessous du barycentre du volume déplacé, qui s'appelle le centre de carène dans le cas d'un bateau. Ce fait a de quoi intéresser les chantiers navals, car même les temps modernes ont connu d'amusantes catastrophes où un navire chavirait dès son lancement. Le calcul intégral, c'est important quelquefois.

Justement, nous venons de passer un peu vite sur quelques étapes de ces calculs. L'intégrale de la pression sur le bord du solide a bien un sens, mais les mathématiciens ont dû suer un peu pour s'en assurer. Il ne s'agit plus d'intégrer sur un segment, ni même sur une portion du plan ou de l'espace : nous intégrons ici sur une surface plus ou moins régulière, et par rapport à la « mesure de surface ». C'est justifiable, mais pour être franc les justifications sont fastidieuses et de ce fait, rarement enseignées. Glissons donc et n'appuyons pas. Ce qui est beaucoup plus intéressant, c'est qu'on établit une équation entre une intégrale sur un ensemble (le solide) et une autre sur son bord (la surface qui le limite). Comment fait-on cela ?

Le calcul intégral sur un segment nous donne un premier exemple. Le bord d'un segment $[a, b]$, c'est bien sûr ses deux extrémités, les points $a$ et $b$. L'équation

$$F(b) - F(a) = \int_a^b F'(x)dx \qquad (1)$$

est une égalité entre l'intégrale de $F'$ sur le segment et celle de $F$ sur son bord $a$, $b$. Il faut bien sûr être un peu soigneux, et préciser que le bord du segment est *orienté*, ce qui veut dire dans ce cas qu'on distingue l'extrémité droite de l'extrémité gauche, d'où la différence qui figure dans l'équation (1). Nous sommes ici dans le cas le plus simple d'une formule très générale qu'on appelle communément la *formule de Stokes*, et qui s'écrit

$$\int_{\partial V} \omega = \int_V d\omega. \tag{2}$$

Cela requiert quelques explications. La notation $V$ désigne un sous-ensemble de l'espace à $n$ dimensions ; pensons au solide d'Archimède dans l'espace physique. Son bord orienté est $\partial V$. La quantité $\omega$ qu'on intègre est une *forme différentielle* dont le degré est égal à la dimension du bord. Par exemple, s'il est de dimension nulle, c'est une fonction comme dans l'équation (1), s'il est de dimension 1, c'est une expression du genre $f(x)dx$. Donc, (1) est un cas particulier de (2). L'expression $d\omega$ désigne la *différentielle extérieure* de $\omega$, une notion due à Élie Cartan (1869-1951). Contentons-nous ici de dire que la différentielle extérieure d'une forme de degré $(n-1)$ est de degré $n$ : par exemple, une forme de degré nul est une fonction $f$ dont la différentielle extérieure est sa « différentielle totale » $df$. Le principe d'Archimède est une conséquence directe de la formule de Stokes, où $V$ désigne le corps solide plongé dans un fluide et où $\omega$ désigne la force de pression, dont la différentielle extérieure est essentiellement l'élément de volume.

Archimède ne connaissait sûrement pas la formule de Stokes et cela ne l'a pas empêché d'établir et d'utiliser son principe. Nous sommes donc en droit de demander pourquoi on s'est donné la peine de développer toutes ces notions bien abstraites. À question légitime, réponse détaillée.

Approfondir, ce n'est pas compliquer les choses mais les simplifier, et par conséquent les unifier. Newton et Leibniz ont montré que le calcul intégral et le calcul différentiel étaient deux faces d'une même pièce. La formule de Stokes unit à ce *calculus* le principe d'Archimède sous sa forme mathématique. Continuons à approfondir et elle va faire bien plus que cela. L'intégrale d'une forme $\omega$ de degré $k$ sur une « variété » $V$ de dimension $k$ est un nombre qu'on peut considérer comme un *produit scalaire* de ces deux quantités. Sur les variétés, nous avons une opération géométrique naturelle, qui associe à $V$ son bord $\partial V$. La formule (2) dit exactement que l'opération transposée est la dérivation extérieure d'Élie Cartan. Une propriété fondamentale de cette dérivation est que son carré est nul : pour toute forme différentielle $\omega$,

$$d(d\omega) = d^2(\omega) = 0.$$

Ce résultat très utile aux calculs se comprend simplement lorsque nous transposons du côté géométrique : il signifie tout simplement que *le bord d'un bord est vide*. De même qu'un but n'a pas de but, un bord n'a pas de bord. Par exemple, le bord d'un disque est un cercle, le bord d'une boule est une sphère. Cercles et sphères ont un bord vide. À l'inverse, un disque n'est pas le bord de quoi que ce soit, de même que, si $d\omega$ n'est pas nulle, il n'existe pas de forme $\Omega$ telle que $d\Omega = \omega$. Nous disposons donc d'une dualité entre une opération algébrique (la dérivation extérieure) et une opération géométrique (prendre le bord d'une variété). En partant de cette dualité, les mathématiciens du XX^e^ siècle ont développé toute une théorie appelée *topologie algébrique*. Elle permet d'attaquer et de résoudre des problèmes ardus, portant sur des variétés de grande dimension pour lesquelles nous sommes dépourvus de toute vision géométrique, au moyen du calcul et de la combinatoire.

Certaines de ces variétés intéressent la physique théorique contemporaine, par exemple les variétés de Calabi-Yau à 10 dimensions. Mais, à un niveau plus modeste, le travail d'approfondissement que nous avons mené est déjà riche de conséquences physiques. En premier lieu, comprendre que la poussée d'Archimède est due à la pression de l'eau invite immédiatement à une généralisation. Dès lors que Blaise Pascal et ses contemporains auront convaincu les physiciens de l'existence de la pression de l'air, il sera facile d'en déduire que la poussée d'Archimède s'exerce également sur tout corps placé dans un gaz et en particulier dans l'air. Et la théorie sera prête pour que les montgolfières s'élancent vers le ciel. Puis le XX^e siècle passera de l'aérostatique des ballons dirigeables à l'aérodynamique des avions. La modélisation en est bien plus ardue, et certains problèmes fondamentaux sont encore ouverts aujourd'hui, en particulier la résolution de l'équation de Navier-Stokes et la modélisation correspondante de la turbulence. La difficulté est l'existence de solutions pour tout temps *t* étant donné les conditions initiales, sans qu'il y ait explosion, c'est-à-dire existence d'une singularité mathématique. C'est donc un problème crucial de dynamique des fluides, motivé par de nombreuses situations concrètes. J'y pense chaque fois que je prends l'avion : et pourtant il vole... Rassurons-nous cependant : les mathématiciens y réfléchissent, et depuis longtemps.

En effet le « calcul des champs » que résume la formule dite de Stokes (qu'on devrait appeler la formule de Cartan) s'est développé dès le XVIII^e siècle et les travaux de Leonhard Euler (1707-1783) qui approfondissent l'hydrostatique en hydrodynamique. Chargé par Frédéric II de concevoir un jet d'eau, Euler en profitera pour créer les bases de la mécanique des fluides et expliciter ce que nous appelons les équations d'Euler. Plus tard, Maxwell établira les équations de l'électromagnétisme, qui portent son nom et qui reposent elles aussi sur le calcul des champs. Rappelons au lecteur désireux d'aller plus loin que la dérivation extérieure dans l'espace à trois dimensions s'appelle *gradient* quand on l'applique à une forme de degré 0 (une fonction), *rotationnel* si c'est à une forme de degré 1 (un champ de vecteurs contravariant), et *divergence* quand on l'applique à une forme de degré 2 (un champ de vecteurs covariant). Élie Cartan a rassemblé tout cela en une seule notion, adaptée aussi bien à la physique de son temps qu'à la géométrie en dimension supérieure dont aura besoin la physique de demain.

Nous sommes partis de la physique avec Archimède et voici que nous y revenons avec Euler et Maxwell. Il y a une différence profonde entre le mouvement des fluides où il y a transfert de matière, et l'électricité ou le magnétisme où c'est une onde – une singularité, ou une information – qui se déplace. Pensons aux vagues de la mer, ou à la ola des stades, pour saisir cette différence. Cependant, les mêmes outils mathématiques permettent la modélisation de la mécanique des fluides et celle des phénomènes électriques. Le vocabulaire employé par les tout premiers chercheurs qui voulaient comprendre l'électricité utilisait une terminologie empruntée au feu : quoi de plus normal face à une gerbe d'étincelles, à la foudre qui tombe ? Mais c'est finalement l'eau qui l'a emporté, et nous parlons aujourd'hui de *courant* électrique, de *source*, de *flux*. Sans les mathématiques, aurions-nous compris la profondeur de cette analogie ?

CHAPITRE III

# DE L'AUTRE CÔTÉ DU MIROIR

Nous avons passé une bonne partie du temps d'éveil de nos premiers mois à contempler les visages de notre entourage, de nos vis-à-vis, et notre regard s'est fixé sur le triangle formé par leur bouche et leurs yeux. De leurs soins dépend notre vie, de leur tendresse, notre bien-être. Nous ne concevons pas encore les raisons qui nous poussent à interpréter le plus vite et le mieux possible les expressions du visage humain, mais il n'est pas besoin de concevoir : nous savons. Plus tard, vers dix-huit mois, nous saurons aussi que ce visage dans le miroir est le nôtre. Seuls quelques primates supérieurs, le dauphin, l'éléphant et la pie peuvent en faire autant.

Nous profitons donc d'un entraînement précoce à la contemplation et à l'étude des objets symétriques, car c'est ainsi que le visage humain nous apparaît. Est-ce pour cela que l'intuition de la symétrie est universelle, et pour l'essentiel indépendante de la culture ambiante, ou du niveau d'instruction ? Cette intuition est-elle trompeuse, nous conduit-elle à projeter des symétries artificielles, propres à nous rassurer ? Est-ce dans la symétrie que se trouve l'équilibre ? Est-elle un *reflet* de la réalité ? *Réfléchissons-y* un peu.

## *Le primate dissymétrique*

Un miroir renvoie une image fidèle. Plus précisément, intervertir la droite et la gauche ne change essentiellement pas l'aspect d'une personne, sauf accident ou handicap. Le corps humain nous apparaît donc comme grossièrement symétrique par rapport à un plan vertical. Dépassons maintenant les apparences. L'intérieur de notre corps reste marqué par une certaine symétrie (par exemple deux bronches, deux poumons à peu près identiques), mais celle-ci est maintenant limitée : le foie est à droite, le cœur à gauche, sauf exception. Approfondissons encore un peu et la symétrie est complètement brisée : l'hémisphère droit et l'hémisphère gauche de notre cerveau n'ont pas les mêmes fonctions. Cette dissymétrie s'exprime superficiellement par le fait que nous sommes – pour la plupart – droitiers ou gauchers. Cette latéralisation accentuée est l'une des grandes particularités qui distinguent notre encéphale de celui des singes (où un début de latéralisation est cependant observé), l'autre étant l'épaisseur de notre cortex.

Ce n'est donc pas insulter l'homme que le qualifier de primate dissymétrique. Regardons d'ailleurs ses membres, qui suffisent à le distinguer de ses amis quadrumanes. Nous sommes les seuls à avoir des pieds. Nous sommes incapables de saisir quelque chose avec nos membres inférieurs, mais cela ne nous gêne guère. Nous avons troqué cette capacité, inutile comme la queue dès lors que l'on ne vit plus dans les arbres, contre la station debout. Nous avons donc en permanence les mains libres, la possibilité d'effectuer des tâches complexes, et de transformer cette complexité en avantage darwinien décisif. Cette évolution n'interdit pas, cependant, la subsistance de certains traits primitifs. Ainsi, la qualité de la coordination œil-main chez les jeunes mâles était clairement importante pour toute la communauté dans une société de chasseurs-cueilleurs, même en temps de paix. Nous avons dépassé ce stade de développement depuis la révolution néolithique mais nous continuons à valoriser cette coordination, au travers du sport. L'époque moderne a pourtant ouvert de nouvelles voies : ainsi, la coordination œil-pied chez ces mêmes jeunes mâles occupe désormais une place de choix. Les salaires des footballeurs en témoignent.

Bien d'autres traits distinguent uniquement notre espèce, la seule du rameau humain actuellement présente sur la planète. L'un d'entre eux, souligné par Stephen Jay Gould, est la *néoténie*. Les biologistes nomment ainsi la persistance à l'âge adulte de traits infantiles. À la taille près, nous gardons toute notre vie des caractères de jeune primate : pilosité rare, grosse tête sur un corps frêle, mâchoire faible, peau sans rides, goût du jeu et de l'inutile... Nous avons une bonne raison de nous en réjouir : grâce à cette néoténie, nous vivons trois fois plus longtemps que tous les mammifères de notre taille, qui ne dépassent guère la quarantaine. Faut-il en déduire hardiment que le stade suivant de l'évolution naturelle serait une espèce qui garderait toute sa vie l'aspect d'un bébé humain ? Est-il vrai que l'enfant est l'avenir de l'homme ? Un enfant de deux mètres de haut, qui vivrait trois cents ans ? Nous ne connaîtrons jamais la réponse à cette question. Si notre espèce ne s'autodétruit pas, elle manipulera sans aucun doute sa propre évolution. Nous voulons contrôler notre destin, et faire vite. Nous ne sommes pas plus patients que nos cousins primates.

Nous partageons également avec eux, et avec beaucoup d'animaux, une dissymétrie patente : le dimorphisme sexuel. La question se pose de savoir jusqu'où on peut légitimement détecter les effets de cette différence. Au niveau primaire, elle est tragiquement incontestable : dans toutes les sociétés, la violence est masculine, et les hommes exercent un quasi-monopole sur le crime. La situation est beaucoup plus floue dès lors qu'on élève un peu le débat. Femmes et hommes ont-ils, au fond, le même cerveau ? C'est une question légitime et scientifiquement étudiée, mais sa charge émotionnelle est très forte. Les auteurs à succès qui trouvent accrocheur de nous faire descendre de Vénus ou de Mars tiennent donc à ce jour le haut du pavé. Témoignons pourtant d'une évidence. Il est absolument impossible de distinguer le travail d'une chercheuse en mathématiques du travail d'un chercheur. Il n'y a pas de mathématiques masculines ou féminines, pas plus d'ailleurs qu'il n'y a de mathématiques homosexuelles ou hétérosexuelles. Par contre, un simple regard sur un kiosque à journaux confirme que la littérature de caniveau est très différente suivant qu'elle s'adresse, par exemple, aux hommes ou aux femmes. Une conclusion s'impose donc. Femmes et hommes ont la même intelligence, mais pas la même bêtise.

## *Le monde dissymétrique*

Les Anciens percevaient la dissymétrie du monde qui les entourait. Pour beaucoup d'entre eux, la Terre était plate, l'univers était orienté en Haut et Bas. La lumière venait du Haut, les corps tombaient vers le Bas. Une métaphysique appropriée venait plaquer notre peur archaïque du noir sur cette orientation, en opposant un séjour de félicité lumineux aux enfers qui peuplaient l'obscurité du domaine souterrain, et entre ces deux pôles un monde des vivants stratifié en castes horizontales. Ce modèle était cohérent et assez satisfaisant, même si certains faits demeuraient difficiles à interpréter. Par exemple, les Grecs avaient remarqué sous le soleil de la Méditerranée que la voile des bateaux était encore visible quand l'horizon en cachait la coque. Cela suggérait le scandale d'une Terre sphérique. Hypothèse terrifiante si l'on continue à penser que les corps sont attirés vers le Bas ! Quant aux mouvements des astres autour d'une Terre visiblement immobile (on sent bien qu'elle ne bouge pas), il ne pouvait relever que de figures parfaites, cercles ou sphères. Pourtant cela aussi posait problème puisque les astronomes observaient le va-et-vient apparent des planètes, qu'ils expliquaient tant bien que mal par un système alambiqué d'épicycles et de déférents.

Ce premier modèle d'Univers est complètement dépassé, même si la résilience des traditions religieuses fait perdurer l'image du Ciel et de l'Enfer. Le monde physique n'a plus ni haut ni bas. La Terre est ronde. En 1969, un homme a pu pour la première fois la contempler sur un fond d'étoiles : Archimède aurait été émerveillé de ce point de vue, à défaut de point d'appui. Mais la sphéricité de notre planète était déjà de notoriété publique depuis plus de quatre siècles. Son orbite n'est pas circulaire mais elliptique. La dissymétrie n'est donc pas où on l'aurait pensé ! Le Soleil *n'est pas* au centre du mouvement d'une planète, puisqu'il occupe l'un des foyers de l'ellipse correspondante. Dans le cas de notre Terre, cette ellipse est presque un cercle, heureusement pour la douceur de nos saisons. Mais celle de Pluton – officiellement rayé de la liste des planètes – est si excentrique que, de 1979 à 1999, il était plus proche du Soleil que Neptune. Quant aux comètes, leur trajectoire peut être bien plus excentrique encore : la comète de Hale-Bopp qui a illuminé le ciel du printemps 1997 est maintenant en route pour les confins du système solaire, elle ne reviendra aux environs de la Terre qu'en 4390. En fait, cette trajectoire peut même devenir hyperbolique, si l'attraction d'une planète la perturbe. Dans ce cas, après un dernier passage au périhélie, la comète quitte pour toujours son étoile : c'est par exemple le cas de la comète Morehouse, qui a connu son dernier périhélie en 1908, et qu'on ne reverra jamais plus. Comme une fronde, le Soleil envoie donc vers l'obscurité glacée des comètes qui continuent à voyager sur leur lancée, indéfiniment. Les autres étoiles en font très probablement autant, et il se pourrait donc que certaines comètes à l'orbite hyperbolique proviennent d'un autre système stellaire. Il ne semble pas qu'une observation ait déjà confirmé cette hypothèse. Ce serait précieux puisqu'on s'intéresse désormais aux exoplanètes.

## *L'Univers dissymétrique ?*

Les apparences sont donc trompeuses : le haut et le bas qui structurent notre environnement immédiat n'ont aucun caractère global. Ils se réfèrent à un système de *coordonnées locales*. Quand nous écrivons que le signal de Botrange est à l'altitude de 694 mètres, cela n'a de sens que si nous précisons que c'est par rapport au niveau de la mer. La mer mouvante et dangereuse, quand la « terre ferme » offre une stabilité rassurante. Et pourtant elle bouge. Il est bien légitime de se demander à quelle vitesse. La question sitôt posée, il en vient une autre : par rapport à quoi va-t-on l'estimer ? Donnez-moi un repère considéré comme fixe et je déterminerai sa vitesse, aurait répondu Archimède. Si nous calculons la vitesse de Paris par rapport au centre de la Terre, elle est comparable à celle d'un avion de ligne : quand nous traversons l'Atlantique d'est en l'ouest, notre avion est à peu près immobile par rapport au centre de la Terre, c'est elle qui tourne en dessous de nous et nous atterrissons donc à l'heure (locale) de notre décollage. Si nous calculons la vitesse du centre de la Terre par rapport au Soleil, elle est de l'ordre de 30 km/seconde. Mais le Soleil n'est pas le centre du monde : étoile périphérique de notre galaxie, la Voie lactée, il tourne autour du cœur de celle-ci (et nous aussi) en une centaine de millions d'années, à une vitesse de 3 milliards de kilomètres par an. Pour préciser le plan de vol, l'hôtesse de Terre nous informe que nous nous dirigeons en ce moment vers la constellation d'Hercule. Le Soleil a encore devant lui une cinquantaine de tours de cet immense manège avant d'entrer dans son troisième âge, de devenir une géante rouge qui occupera le tiers de notre ciel et vaporisera les océans. Notre galaxie a son mouvement propre dans le groupe local qui réunit une quarantaine de ses consœurs, et qui lui-même fait partie du superamas dit de la Vierge. Enfin l'expansion de l'Univers, découverte par Hubble en 1929, éloigne toutes les galaxies les unes des autres avec une vitesse relative d'autant plus grande qu'elles sont distantes.

C'était bien pratique d'avoir un centre du monde, surtout lorsque avec orgueil on s'y plaçait. Ce confort n'est plus de saison. L'Univers dans lequel nous évoluons maintenant est radicalement plus grand que celui de nos arrière-grands-parents. La révolution copernicienne qui nous a jetés à bas de notre trône a pris une centaine d'années pour se diffuser dans les esprits. Les grands systèmes de pensée n'ont pas encore tiré toutes les conséquences du changement d'échelle que leur impose la cosmologie du XX^e siècle, du strapontin minuscule qu'occupe maintenant l'humanité. Mais laissons-les prendre leur temps et revenons à la physique et aux vitesses.

Le son est une vibration qui a besoin d'un milieu pour se propager. Dans le vide, pas de son. La pression de l'air qui nous entoure étant finie, la hauteur de la colonne d'air qui s'élève au-dessus de nous est elle aussi finie (en fait, sa hauteur est de l'ordre de 120 kilomètres). Au-delà de cette altitude, plus de bruit, comme Blaise Pascal l'a compris avant tout le monde en estimant avec une bonne précision la masse de l'atmosphère : « Le silence éternel de ces espaces infinis m'effraie. » Mais la lumière se propage dans le vide. La question se pose donc de savoir si c'est un milieu, nommé Éther, qui supporte sa propagation. Ce milieu, fixe par définition, fournirait un repère par rapport auquel on pourrait déterminer les vitesses, la nôtre par exemple. C'est l'expérience que réalisent Michelson et Morley en 1887 : ils mesurent précisément la vitesse de la lumière en différentes directions, dans l'espoir de constater des différences et d'en déduire la valeur et la direction du déplacement de la Terre. Ils sont surpris de découvrir que la vitesse de la lumière est isotrope : 299 796 kilomètres par seconde. L'interprétation de ce résultat conduira donc à abandonner le concept d'Éther, au profit d'un nouvel absolu : la vitesse de la lumière. Il nous faut renoncer pour toujours à l'idée d'un repère fixe par rapport auquel nous conduirions sereinement nos mesures. La dynamique a fait exploser la statique, seule la vitesse ultime, la vitesse de la lumière ne dépend pas de l'observateur, d'où il s'ensuit qu'il faut renoncer au concept de temps absolu. Et la conception moderne de l'espace-temps se met en place, qui constitue jusqu'à nouvel ordre notre référentiel, *où l'espace est symétrique, et le temps ne l'est pas*. En voici la version la plus simple, issue de la relativité restreinte de 1905.

Plaçons-nous en un lieu et en un instant donnés, donc en un point $M$ de l'espace-temps à quatre dimensions, trois d'espace et une de temps. Un tel lieu-instant sera appelé un *événement* dans ce qui suit. Le cône de lumière issu de $M$ divise l'espace-temps en trois parties : le passé de $M$, son futur, et les événements qui ne sont ni antérieurs ni postérieurs à *M* et avec lesquels toute interaction est impossible (voir figure 6). Prenons un exemple : en l'an 1054, les astronomes chinois et arabes ont observé l'explosion d'une supernova dans la constellation du Taureau. Ses restes forment ce qu'on appelle la nébuleuse du Crabe, à 6 300 années-lumière de distance. Le couronnement de Charlemagne le 25 décembre 800 à Rome (système solaire) n'est ni antérieur ni

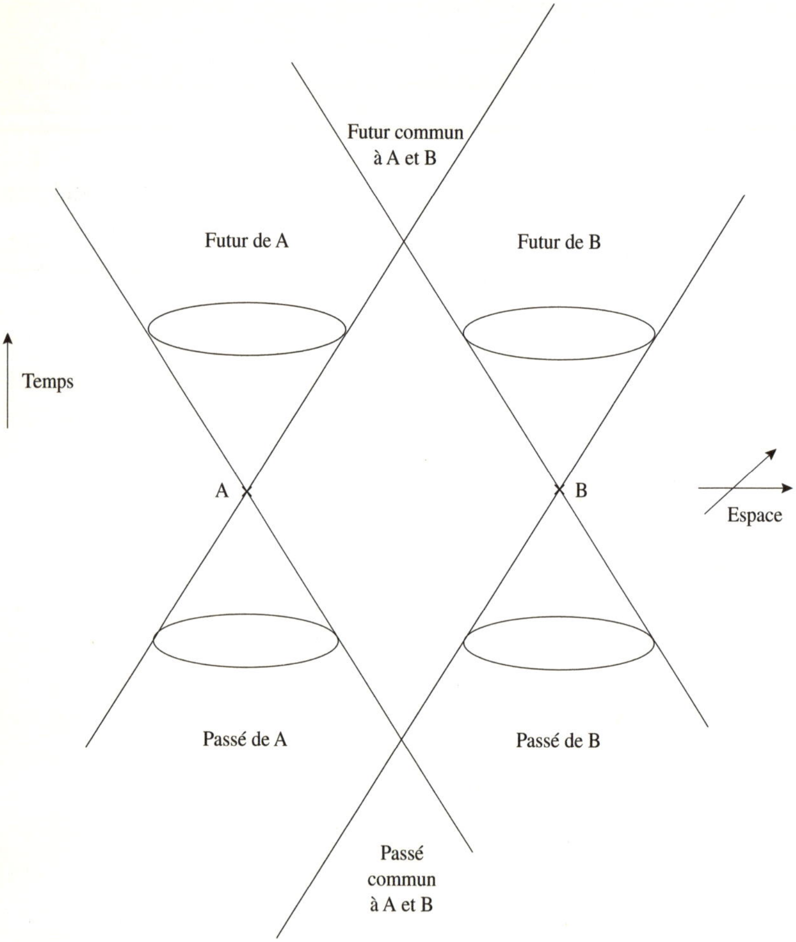


Figure 6
Les cônes de lumière issus de A et B

postérieur à l'explosion de cette supernova. Mais depuis 1054 cette explosion comme ce couronnement appartiennent à notre passé, et tout événement finira par appartenir au passé de notre futur. Le principe de causalité est respecté : le passé agit sur nous, nous agissons sur le futur, mais c'est tout. Pour montrer que cela porte à conséquence, revenons à notre exemple. L'explosion d'une supernova engendre une gerbe dévastatrice de rayons à très courtes longueurs d'onde. Dans le spectre visible, la supernova de 1054 a été plus lumineuse que Vénus pendant quelques mois, mais elle était trop loin pour que son explosion ait des conséquences néfastes pour la biologie terrestre. Si une rafale mortelle de rayons gamma d'origine stellaire ravage la Terre en 2054, les survivants interpelleront les scientifiques : vous ne pouviez pas les voir venir, prévoir la catastrophe ? Eh bien non, on ne pouvait absolument pas, leur émission est dans le passé du point Terre-2054, mais pas dans celui du point Terre-2053. On peut voir venir n'importe quel objet qui voyage moins vite que la lumière, puisque son image le précède. Mais par quel miracle pourrait-on voir venir la lumière avant qu'elle ne soit là ? Que le lecteur se rassure, au moins quant aux supernovae : aucune étoile « proche » du Soleil (disons, à moins de 500 années-lumière) n'est assez vieille ni assez massive pour devenir supernova dans les 50 millions d'années à venir. À long terme d'ailleurs, les supernovae sont beaucoup plus utiles que néfastes à la biologie : sans elles, pas de vie ! Car ce sont elles qui créent les noyaux lourds (carbone, oxygène, azote, fer...) par fusion nucléaire puis les dispersent. Ceux qui constituent votre corps et le mien ont été synthétisés il y a plus de 5 milliards d'années au cœur d'une grosse étoile antérieure au Soleil, avant que son explosion les projette au loin. Un grand merci à cette donatrice anonyme qui n'est sans doute plus qu'une naine blanche, ou peut-être un trou noir, quelque part dans l'espace.

Le futur antérieur est donc le temps grammatical par lequel nous pouvons décrire tout l'univers à venir. Le passé postérieur n'existe pas en français, mais peu importe : inversement, tout événement appartient au futur de notre passé. En particulier, l'univers entier a un passé commun, c'est le *Big Bang*. Cette terminologie assez trompeuse désigne l'état de l'Univers au temps zéro, il y a environ 13,7 milliards d'années, où on peut le décrire (si l'on peut dire) comme un point où la matière-énergie a une densité infinie. Mais nous l'avons déjà remarqué, il n'est pas facile d'analyser un point. L'expression « temps zéro » rappelle saint Augustin qui se demandait « ce que faisait Dieu avant de créer le Ciel et la Terre », avant de conclure qu'Il n'avait pas encore créé le temps. Revenons à la science et disons que, dans l'état actuel de la physique, ce qui aurait pu précéder le Big Bang (ce qui sous-entendrait déjà qu'il y avait un temps) échappe à toute mesure et n'est pas accessible à la connaissance. Par contre, nous pouvons observer l'univers primordial quand il est devenu transparent, environ trois cent quatre-vingt mille ans après le Big Bang. On le « voit » dans toutes les directions, à 13,7 milliards d'années-lumière de distance, sous la forme du rayonnement – presque – isotrope découvert en 1963 par Penzias et Wilson qui donne la température actuelle de l'univers, trois degrés Kelvin. Ce fond du ciel est le passé commun à *tous* les événements. Sa température ne nous dit pas le temps qu'il fait. C'est plutôt une horloge qui donne *le temps qu'il est*, entre un passé infiniment chaud au temps zéro et une asymptote à zéro degré Kelvin si l'expansion se poursuit indéfiniment. Finalement, nous avons retrouvé un Centre du monde, bien loin de nous, et il n'est plus spatial mais temporel ! Notre absolu, c'est le temps zéro, qu'on voit à la même température de tous les points de l'espace-temps qui ont la même coordonnée temporelle. En écho à Nicolas de Cues puis à Giordano Bruno, Blaise Pascal décrivait notre univers comme « une sphère dont le centre est partout et la circonférence nulle part ». Tout point *M* de l'espace-temps est le centre d'une sphère qui est l'univers observable depuis *M*, dont le rayon en années-lumière est la coordonnée « temps » de *M* (à peu près 13,7 milliards d'années pour nous, d'après les dernières estimations) et dont le bord est le Big Bang. En particulier, l'univers observable depuis un point quelconque de l'espace-temps est de masse finie, mais c'est tout ce qu'on peut dire quant à la finitude.

La lecture des derniers paragraphes a pu sembler ardue au lecteur. Notre quotidien ne nous prépare pas à l'idée qu'un événement puisse n'être ni dans le passé ni dans le futur d'un autre, tout simplement parce que, relativement à notre échelle, la vitesse de la lumière est très grande. D'autre part, un effort d'abstraction est nécessaire pour envisager l'espace-temps dans sa totalité, comme nous y invite la finitude de la vitesse de la lumière et de tout échange d'information : nous croyons voir le présent, mais c'est une erreur, nous ne pouvons voir que le passé. Et cet effort d'abstraction entre en conflit avec l'une de nos intuitions. Nous ressentons que le temps s'écoule, ne fût-ce que parce que nous vieillissons. Einstein nous dit pourtant : « Pour un physicien le temps ne passe pas plus que l'espace, c'est une illusion, dont il faut reconnaître qu'elle est très persistante. » Pour un observateur extérieur au temps, il n'y aurait ni passé ni futur. Si l'éternité est absence de temps plutôt que temps interminable, cet observateur est donc éternel. Quant à nous, si nous avons pu nous affranchir du Haut et du Bas, aucune technique disponible à ce jour ne nous libère du temps. Et un raisonnement par l'absurde suggère que nos descendants n'en disposeront pas non plus, puisque aucune observation sérieuse n'indique qu'ils nous aient rendu visite.

La vitesse de la lumière est la même dans toutes les directions, et l'espace-temps conçu en 1905 par Einstein mais aussi par Poincaré bénéficie donc des symétries de la géométrie euclidienne. En 1915, la relativité générale substituera à ce modèle euclidien une géométrie riemannienne, mais sans mettre à mal l'isotropie de l'espace. Le temps est par contre orienté, et cela paraît raisonnable puisque au creuset fabuleusement dense des premières minutes s'est substitué irréversiblement un univers frais où il fait bon vivre. L'espace-temps d'Einstein est donc pour l'essentiel symétrique en espace, dissymétrique en temps et également en matière puisque l'observation indique que l'antimatière est rarissime. Sa causalité repose sur le caractère indépassable de la vitesse de la lumière qui interdit la possibilité de trajectoires fermées dans l'espace-temps et donc conjure les paradoxes, bâtis sur le modèle de l'existence du voyageur temporel qui va assassiner son grand-père. L'Univers est-il donc orienté en passé et en futur ? Peut-être. Mais la physique d'aujourd'hui en est venue à considérer le modèle einsteinien comme incomplet, entre autres parce qu'il est difficile d'y intégrer la mécanique quantique, dont relève la physique du « très petit » et donc aussi celle des premiers instants de l'univers si nous croyons que les lois de la physique ne dépendent pas du temps. Par exemple, les expériences de délocalisation quantique, dont la première a été réalisée par Alain Aspect en 1982 à Orsay, mettent en évidence des particules « intriquées » situées en deux lieux *A* et *B* éloignés d'une distance macroscopique (distance qu'on a pu depuis étendre à une trentaine de kilomètres). Une étude statistique montre que les mesures de l'état des particules faites en *A* ne sont pas indépendantes des mesures faites en *B*, bien que ces mesures aient lieu en des instants si proches que, pour aller de *A* à *B* dans le temps qui les sépare, il faudrait aller au moins 10 millions de fois plus vite que la lumière. Nous serions donc en présence d'événements *simultanés*, ce qui n'a pas de sens en théorie de la relativité. Il est très difficile d'interpréter cette expérience : elle peut être comprise comme un *unique* événement physique qui se déroule en deux points distincts de l'espace-temps. Il est d'ailleurs important de souligner qu'elle ne viole pas le principe de causalité car elle ne transmet ni énergie, ni matière, ni *information* à une vitesse supérieure à la lumière. Mais d'autres idées modernes sont plus troublantes encore : temps complexe dont nous n'observerions que la projection réelle proposé par Stephen Hawking pour effacer la singularité du Big Bang, univers emboîtés suggérés par les trous noirs, intégrales de Feynman sur toutes les trajectoires possibles (même celles où la vitesse de la lumière est dépassée), univers parallèles de la théorie des cordes... Certaines de ces idées laissent perplexe. Mais la perplexité est mère de toutes les sciences.

Laissons les physiciens à leurs réflexions et faisons-leur confiance. Ils travaillent, confrontent leurs théories à l'observation et à l'expérimentation, affinent leurs modèles. Et il est aussi ridicule de croire à la fin de la physique qu'à celle de l'histoire. Revenons plutôt aux mathématiques : après tout, les mathématiciens ont été les premiers à formaliser la symétrie ! Qu'ont-ils fait de cette notion ?

## *Une tragédie parisienne*

La symétrie est partout : dans la galerie des glaces de Versailles, les alexandrins et leur coupure médiane, et jusqu'à l'obsession dans les nouvelles de Jorge Luis Borges. Elle sous-tend notre perception de la régularité d'un son, donc du rythme qui nous fait danser comme aucun animal ne le fait spontanément. Elle s'extrapole par le manichéisme vers le spirituel. Elle est au cœur du métier des architectes et des maçons, virtuoses de l'équerre et du compas, bien que synagogues et cathédrales comportent à dessein un élément de dissymétrie qui souligne l'imperfection de toute œuvre humaine. Revenons au fondamental avec les *Éléments* d'Euclide qui témoignent de l'usage qu'ont fait les géomètres des motifs réguliers dans le plan et l'espace. La géométrie a été le cheval de Troie de la symétrie, qui par son intermédiaire a conquis l'algèbre puis toutes les mathématiques. Parmi les acteurs de cette révolution, un adolescent parisien occupe la première place.

Évariste Galois naît le 25 octobre 1811 à Bourg-la-Reine, fils de Nicolas-Gabriel Galois et d'Adélaïde-Marie Demante. Sa grande sœur s'appelle Nathalie, son petit frère, Alfred. Son enfance, dans ce village encore rural dont Nicolas Galois deviendra maire en 1815, est heureuse. Sa mère connaît ses humanités classiques et c'est elle seule qui instruit Évariste jusqu'à ses douze ans. Précisément, jusqu'au 6 octobre 1823 où il entre au collège royal Louis-le-Grand, rue Saint-Jacques à Paris, comme élève pensionnaire en classe de quatrième. Nous ne disposons d'aucun témoignage sur ce premier contact de Galois avec le collège, mais il est vraisemblable qu'il marque durement ce très jeune homme. Les conditions de vie des pensionnaires de Louis-le-Grand sont en effet rien de moins que carcérales : le froid et la faim règnent, l'autorité des professeurs est impitoyable, le temps de détente est limité à une demi-heure par jour, pendant laquelle les collégiens peuvent marcher dans la cour mais ont l'interdiction de courir. Galois est bon élève, malgré cette oppression qui va à l'encontre des principes républicains dans lesquels il a grandi. À quatorze ans, on commence à lui enseigner les mathématiques, et Galois découvre sa passion. À l'automne 1826, il dévore le traité de géométrie de Legendre et aborde Lagrange. Il ne sait pas, bien sûr, que Niels Henrik Abel (1802-1829) est alors à Paris, où il habite le faubourg Saint-Germain (voir « L'étoile du Nord »). Neuf ans d'âge et quelques centaines de mètres les séparent, quand ils auraient eu tant de choses à se dire ! Car les vies scientifiques et personnelles du fils du maire de Bourg-la-Reine et de celui du pasteur de Gjerstad se ressembleront étrangement. L'année suivante, l'un de ses professeurs observe lucidement : « C'est la fureur des mathématiques qui le domine ; aussi je pense qu'il vaudrait mieux pour lui que ses parents consentent à ce qu'il ne s'occupe que de cette étude. »

Galois rêve d'entrer à l'École polytechnique, qui est en ce temps-là un foyer d'idées progressistes. Il se présente une première fois en 1828, sans avoir suivi les cours de mathématiques spéciales, et échoue. C'est donc en octobre 1828 qu'il entre dans la classe de Louis-Paul-Émile Richard (1795-1849), légendaire professeur de mathématiques spéciales qui comptera aussi Le Verrier, Serret et Hermite parmi ses élèves. Lui seul reconnaîtra l'immense talent de son élève. Galois publie déjà et soumet fin mai 1829 ses *Recherches sur les équations algébriques de degré premier* à l'Académie des sciences, sur lesquelles Cauchy doit rapporter. Un drame vient tout briser.

Nicolas Galois, toujours maire de Bourg-la-Reine et républicain fervent, est l'objet d'une cabale politique indigne menée par ses ennemis du parti clérical. Le 2 juillet 1829, à bout de forces, il met fin à ses jours en s'asphyxiant dans son appartement de la rue Jean-de-Beauvais, tout près de Louis-le-Grand. Il laisse à son fils une lettre prophétique : « Il m'est dur de te dire adieu, mon cher fils. Tu es mon fils aîné et j'ai toujours été fier de toi. Un jour, tu seras un grand homme et un homme célèbre. Je sais que ce jour viendra, mais je sais aussi que la souffrance, la lutte et la désillusion t'attendent. Tu seras mathématicien. Mais même les mathématiques, la plus noble et la plus abstraite de toutes les sciences, pour éthérées qu'elles soient, n'en ont pas moins leurs racines profondes sur la terre où nous vivons. Même les mathématiques ne te permettront pas d'échapper à tes souffrances et à celles des autres hommes. Lutte, mon cher enfant, lutte plus courageusement que je ne l'ai fait. Puisses-tu entendre avant de mourir sonner le carillon de la Liberté. » Contrairement aux usages de l'époque en cas de suicide, les funérailles ont lieu à l'église Saint-Étienne-du-Mont, puis Évariste suit le cortège funèbre jusqu'à Bourg-la-Reine où l'inhumation de son père tourne à l'émeute. Quelques semaines après cette épreuve, Galois accablé de souffrance échouera une deuxième et dernière fois au concours d'entrée à l'École polytechnique.

Il lui reste l'École préparatoire, autrement dit l'École normale supérieure, dont les locaux font alors partie de Louis-le-Grand. Galois y est admis à l'automne 1829, il y sympathisera avec Auguste Chevalier (1809-1868), élève de deuxième année et disciple de Prosper Enfantin, le père spirituel des saints-simoniens du 145, rue de Ménilmontant. Mais la malchance le poursuit : Cauchy doit présenter le mémoire de Galois à l'Académie le 18 janvier 1830, mais il est souffrant ce jour-là, il ne vient pas puis conseille à Galois de présenter son travail révisé pour le Grand Prix de mathématiques. Galois s'exécute, et son mémoire est confié à Fourier qui meurt en mai de cette année-là. Le travail de Galois est alors égaré, et le Grand Prix, décerné à titre posthume à Abel (mort en avril 1829, et dont Galois découvre les travaux) et à Jacobi. Sur ce éclate la révolution de juillet 1830, à laquelle Galois enrage de ne pouvoir participer car comme tous les élèves de l'École préparatoire il y est bouclé pendant que se déroulent les Trois Glorieuses ! S'ensuit un pamphlet qui conduira à son renvoi le 4 janvier 1831.

Voici Galois exclu mais libre. Il propose en janvier 1831, à la librairie Caillot, rue de la Sorbonne, le cours que tout mathématicien d'aujourd'hui brûlerait de suivre, et qui se compose « de théories dont quelques-unes sont neuves, et dont aucune n'a jamais été exposée dans les cours publics. Nous nous contenterons de citer une théorie nouvelle des imaginaires, la théorie des équations qui sont solubles par radicaux, la théorie des nombres et les fonctions elliptiques traitées par l'algèbre pure ». Pourtant le cours s'interrompra après trois séances, faute d'auditeurs. Ce même mois, il soumet un nouveau mémoire à l'Académie, que Poisson rejettera en juillet en mettant en cause l'obscurité du mémoire mais non l'intérêt ou l'exactitude des résultats, et en demandant des éclaircissements. Mais ceux-ci ne viendront pas : Galois a été arrêté le 10 mai après le banquet de la Société des amis du peuple – auquel assiste Alexandre Dumas – au restaurant des Vendanges de Bourgogne à Belleville, pour avoir porté un toast à Louis-Philippe avec un couteau ! Enfermé à Sainte-Pélagie (où est maintenant la rue de Quatrefages, près de Jussieu), il est acquitté mi-juin mais arrêté de nouveau le 14 juillet lors d'une manifestation sur le Pont-Neuf. Cette fois il est condamné et restera à Sainte-Pélagie – où il croisera Raspail – jusqu'en mars 1832. Sa sœur, sa tante, Auguste Chevalier lui rendront visite ; pas sa mère, semble-t-il. Galois travaille alors, essentiellement de tête, sur les fonctions elliptiques et sur ce que nous appelons aujourd'hui les intégrales abéliennes.

Mais la tragédie touche à sa fin. En mars 1832, le choléra ravage Paris et Galois est transféré dans la maison de santé du sieur Faultrier, rue de Lourcine (aujourd'hui rue Broca). Il y reste après sa libération fin avril, et tombe amoureux d'une certaine Stéphanie Poterin du Motel. Cet amour malheureux va entraîner un duel imbécile contre un adversaire que Galois qualifiera de « patriote », donc de républicain. Était-ce un coup monté par les sbires de Louis-Philippe ? Cela paraît peu probable dans la mesure où les polices secrètes utilisent en général des moyens plus expéditifs pour éliminer les opposants. Mais il n'y a aucune certitude, et nous ignorons l'identité du meurtrier de Galois. Le 29 mai, veille du duel, Galois écrit au moins trois lettres, dont son testament scientifique adressé à son ami Auguste Chevalier. Il commence ainsi : « Mon cher ami, j'ai fait en analyse plusieurs choses nouvelles. Les unes concernent la théorie des équations algébriques ; les autres, les fonctions intégrales. Dans la théorie des équations, j'ai recherché dans quels cas les équations étaient résolubles par des radicaux ; ce qui m'a donné occasion d'approfondir cette théorie, et de décrire toutes les transformations possibles sur une équation, lors même qu'elle n'est pas résoluble par radicaux. On pourra faire avec cela trois Mémoires. Le premier est écrit : et, malgré ce qu'en a dit Poisson, je le maintiens avec les corrections que j'y ai faites. Le second contient des applications assez curieuses de la théorie des équations. Voici le résumé des choses les plus importantes. » Galois présente alors avec clarté ce que nous appelons maintenant la théorie de Galois, appliquée en particulier aux équations modulaires des fonctions elliptiques. On le voit travailler dans le groupe des homographies de la droite projective d'un corps à $p$ éléments, en explicitant les cas singuliers où $p$ vaut 5, 7 ou 11. C'est un domaine où il est alors absolument seul. Le troisième mémoire concerne la classification des intégrales dites abéliennes, où il approfondit les travaux de Jacobi et d'Abel avant de conclure sur un cas irréductible : « Ici, nous ne savons rien. » Il demande enfin : « Tu feras imprimer cette lettre dans la *Revue encyclopédique*. Je me suis souvent hasardé dans ma vie à avancer des propositions dont je n'étais pas sûr. Mais tout ce que j'ai écrit là est depuis bientôt un an dans ma tête, et il est trop de mon intérêt de ne pas me tromper pour qu'on me soupçonne d'avoir énoncé des théorèmes dont je n'aurais pas la démonstration complète. Tu pricras publiquement Jacobi et Gauss de donner leur avis, non sur la vérité, mais sur l'importance des théorèmes. Après cela, il y aura, j'espère, des gens qui trouveront leur profit à déchiffrer tout ce gâchis. Je t'embrasse avec effusion. » L'avenir montrera que Galois est en effet insoupçonnable. On ne triche pas, à ce niveau-là.

Au petit matin du 30 mai 1832, Évariste Galois se rend au lieu du duel : l'étang de la Glacière, sur le territoire de Gentilly. Il reçoit une balle dans l'abdomen. Ultime violence, il est laissé seul, abandonné à sa souffrance. Retrouvé quelques heures plus tard, il est transporté à l'hôpital Cochin où il meurt le lendemain, sans doute de péritonite, dans les bras de son jeune frère Alfred qu'il s'efforce de calmer : « Ne pleure pas. J'ai besoin de tout mon courage pour mourir à vingt ans. » Le 2 juin, deux à trois mille républicains accompagnent son corps au cimetière du Montparnasse, où il est enterré dans une fosse commune. Nombre d'entre eux trouveront la mort quelques jours plus tard, aux barricades du cloître Saint-Merri.

Galois meurt à vingt ans, sans avoir été reconnu. Mais son œuvre n'est pas morte avec lui. Car Alfred Galois bataillera obstinément pour que les travaux de son frère soient lus et compris, et le 4 juillet 1843 Joseph Liouville présentera enfin à l'Académie le premier mémoire, en reconnaissant toutefois que « le Mémoire de Galois est peut-être rédigé de façon trop concise ». La première publication aura lieu trois ans plus tard. Je dois aux descendants d'Antoine-Marie Demante, oncle de Galois, l'émotion d'avoir eu en main un tiré à part de cette publication de 1846.

La vie d'Évariste Galois a l'unité de lieu d'un drame classique, expression de l'extrême violence du XIX^e^ siècle parisien. Elle est bouleversante. Mais Galois, qui a lutté toute sa vie pour le progrès, n'aurait sans doute pas voulu que l'on s'arrête aux émotions. Le meilleur hommage qu'on puisse lui rendre est de « déchiffrer tout ce gâchis », comme il l'écrit amèrement dans sa dernière lettre. Disons plutôt d'essayer de comprendre quelques-unes de ses découvertes.

## *La théorie de Galois*

Scipione dal Ferro a découvert aux environs de l'an 1500 la formule qui donne les racines de l'équation du troisième degré, qu'on nomme improprement formule de Cardan (voir *L'AdN*, chapitre 5). Rappelons-la. Les solutions de l'équation

$$x^3 + px + q = 0 \qquad (1)$$

sont données par la formule

$$x = \sqrt[3]{-q/2 + \sqrt{q^2/4 + p^3/27}} + \sqrt[3]{-q/2 - \sqrt{q^2/4 + p^3/27}}.$$

Elle est belle, n'est-ce pas ? Mais ne nous contentons pas de l'admirer, analysons-la. Une première remarque est que nous sommes en présence de ce qu'on appelait le *casus irreductibilis* : l'équation (1) a trois racines réelles lorsque son discriminant $4p^3 + 27q^2$ est *négatif*, donc lorsque apparaissent des racines carrées de nombres négatifs dans la formule de Cardan ! Cette constatation a troublé les algébristes du XVIe siècle, mais, la surprise passée, ils ont pris la liberté de travailler dans ce que nous appelons maintenant le corps des nombres complexes. Il a tout de même fallu à peu près deux siècles pour que les inquiétudes suscitées par ces nouveaux objets se dissipent. Notre vocabulaire en garde la trace, qui qualifie d'*imaginaires* les racines carrées des nombres réels négatifs. Il est trompeur d'utiliser des mots qui portent une charge émotionnelle pour qualifier des concepts mathématiques : dans le cas présent, cela pourrait laisser croire que le nombre 1 a plus de réalité que le nombre $i$ ou qu'il existe davantage.

Dans le quotidien, nous utilisons les nombres pour compter mais aussi pour *comparer* : nous disons que $\pi$ est plus petit que $22/7$, ou qu'une voiture est plus chère qu'une bicyclette. Mais cela perd tout sens dans le champ complexe : $2 + 3i$ n'est ni plus grand ni plus petit que $5 - 7i$. Donnons un exemple où il importe de pouvoir comparer. Les enseignants notent en général les copies de façon croissante au moyen des nombres rationnels de petit dénominateur compris entre 0 et 20. En France du moins, car ailleurs les coutumes peuvent différer : lettres aux États-Unis, décompte du nombre de fautes au Japon où zéro est la meilleure note. Mais nul professeur ne note avec les nombres complexes. Les jeunes aimeraient peut-être cela, après tout... Pour ce travail sur le mode d'emploi des mathématiques, vous avez $\sqrt{19} + 3i$, Godefroy ! Mais le problème est qu'il serait alors impossible de comparer les résultats. Fini, les premiers de la classe, complexifions les notes et nous décomplexerons les élèves. Plus sérieusement, envisageons le temps comme une variable complexe et il devient moins étonnant que deux événements soient corrélés sans qu'aucun d'eux soit antérieur à l'autre, comme dans l'expérience d'Aspect (voir « L'Univers dissymétrique ? »).

Revenons à la formule de Cardan, que nous sommes donc conduits à considérer dans le plan complexe. Elle nous confronte à deux problèmes : l'expression de la racine est la somme de deux racines cubiques. Chaque nombre complexe a trois racines cubiques, et il n'y a aucune raison de choisir l'une plutôt que l'autre. Par conséquent, la formule de Cardan donne en général *neuf* valeurs, dont seulement trois sont valables puisqu'un polynôme de degré 3 a trois racines complexes. Le second problème relève lui aussi d'une difficulté de choix. On peut faire la liste des racines réelles d'un polynôme, de la plus petite à la plus grande. Si notre calcul est motivé par un phénomène concret, cet ordre pourra se révéler utile, parce que les racines extrêmes correspondront à des cas limites, ou parce que les racines négatives n'auront pas de sens physique... Mais il n'y a plus d'ordre quand c'est aux racines complexes qu'on s'intéresse : en un sens, elles sont toutes équivalentes. Ne nous arrêtons pas à cette ambiguïté, utilisons-la.

Après un premier travail d'Euler qui expliquait comment choisir les racines cubiques de la formule de Cardan pour obtenir trois valeurs et non neuf, Lagrange approfondit la question en remarquant que l'existence d'une formule repose sur le fait que l'expression $(x_1 + jx_2 + j^2x_3)^3$ ne prend que deux valeurs quand on permute les racines de l'équation (1), où $j = -1/2 + i\sqrt{3}/2$. La formule de Cardan s'ensuit alors de l'expression des fonctions symétriques des racines en fonction des coefficients, qui permet le calcul de ces deux valeurs à partir d'une équation de degré 2 (voir *L'AdN*, appendice 3). Un raisonnement plus compliqué mais similaire explique l'existence des formules de Ferrari pour le degré 4. Le point crucial, là encore, est qu'il existe une expression algébrique à quatre indéterminées qui ne prend que trois valeurs lorsqu'on permute ces indéterminées. Quand arrivent Abel et Galois, tout le monde se casse les dents sur le cinquième degré depuis plus de deux siècles. Mais Galois lisant Lagrange saisit immédiatement que tout se joue sur la complexité de l'ensemble des permutations des racines, pour lequel il invente le terme de *groupe* que nous employons depuis. Il va plus avant, et réalise que sa méthode s'applique non seulement à l'équation générale de degré 5, mais à toutes les équations polynomiales. En fait, Galois voit si loin qu'il comprend que ses idées vont même bien au-delà de l'algèbre. Citons encore sa dernière lettre, où pointent déjà ce que nous appelons maintenant les surfaces de Riemann : « Mes principales méditations, depuis quelque temps, étaient dirigées sur l'application à l'analyse transcendante de la théorie de l'ambiguïté. Il s'agissait de voir *a priori*, dans une relation entre des quantités ou fonctions transcendantes, quels échanges on pouvait faire, quelles quantités on pouvait substituer aux quantités données, sans que la relation pût cesser d'avoir lieu. Cela fait reconnaître de suite l'impossibilité de beaucoup d'expressions que l'on pourrait chercher. Mais je n'ai pas le temps, et mes idées ne sont pas encore bien développées sur ce terrain, qui est immense. » Galois sait qu'il ne pourrait être pleinement compris que par les plus grands. Ce n'est donc pas par vantardise qu'il a formulé son ultime requête : « Tu prieras publiquement Jacobi et Gauss... » Auguste Chevalier, l'ami fidèle à qui nous devons cette lettre, l'a fait publier dans la *Revue encyclopédique* dès 1832, conformément aux instructions d'Évariste. Il ne semble pas qu'il ait jamais osé s'adresser au terrifiant Gauss.

Une première idée de Galois est donc d'utiliser de manière positive notre incapacité à distinguer les différentes racines d'un polynôme, en considérant toutes les permutations qui échangent ces racines sans modifier l'équation. Leibniz avait dégagé le concept dynamique de *fonction* vue comme opérateur qui transforme un nombre en un autre (voir « Les frères ennemis »). Dans une démarche analogue, Galois dynamise l'algèbre en dépassant l'attention prêtée au calcul et aux racines elles-mêmes et en faisant porter toute la structure au groupe des transformations qu'on peut faire subir à ces racines désormais muettes. L'objet qu'il dégage est ce qu'on appelle depuis le *groupe de Galois* de l'équation. Il exprime parfaitement cette rupture qualitative quand il écrit : « Sauter à pieds joints sur ces calculs ; grouper les opérations, les classer suivant leurs difficultés et non suivant leurs formes ; telle est, suivant moi, la mission des géomètres futurs. »

Une deuxième idée est de garder un contrôle attentif sur l'ensemble dans lequel s'effectue le calcul. De quels nombres avons-nous vraiment besoin pour résoudre une équation ? Il nous faut étendre le champ des calculs autorisés, mais juste autant qu'il faut : par exemple, pour factoriser l'équation $x^2 + 2 = 0$ nous travaillons dans le corps $\mathbf{Q}[i\sqrt{2}]$ qui contient ses racines. Dès lors que c'est cette équation qui nous intéresse, nous pouvons oublier le reste du plan complexe. Galois n'est pas le premier à avoir compris cela, Gauss et avant lui Fermat l'ont précédé sur ce chemin. Mais, si nous parlons aujourd'hui de *corps de Galois* d'un polynôme, c'est qu'il a su mettre très clairement en dualité les notions que nous venons d'exposer. Esquissons sa démarche : un polynôme est associé à l'ensemble de ses diviseurs, son corps de Galois (le corps engendré par ses racines), à l'ensemble de ses sous-corps, son groupe de Galois, à l'ensemble de ses sous-groupes. Ces trois structures sont essentiellement isomorphes. À un sous-groupe correspond le sous-corps formé des points fixes de ce sous-groupe : l'exemple le plus simple est donné par le corps des réels qui est l'ensemble des nombres complexes égaux à leur conjugué. On peut exprimer les racines d'une équation polynomiale à partir de ses coefficients avec les quatre opérations et des extractions de racines si et seulement si son groupe de Galois est *résoluble*. Ce terme signifie que ce groupe est un « empilement » tordu de groupes cycliques, par l'intermédiaire d'une suite de quotients par des sous-groupes distingués.

L'intérêt de cette équivalence est bien sûr qu'on peut effectivement décider si un groupe est résoluble ou non. Comme cas particulier, Galois démontre par exemple que le groupe des permutations d'un ensemble à cinq éléments n'est pas résoluble, ce qui signifie que l'équation générale de degré 5 n'est pas résoluble par radicaux. En d'autres termes, il est impossible de trouver pour le cinquième degré des formules analogues à celle de Cardan et de Ferrari. Tous les jongleurs savent qu'il est facile de jongler avec trois balles, sensiblement plus difficile avec quatre et très difficile avec cinq. Remplacez les balles par des racines, et la difficulté croîtra de même avec un changement qualitatif au niveau 5.

La théorie de Galois élucide également les problèmes de constructibilité à la règle et au compas. Ces problèmes avaient intéressé Gauss qui avait montré dès 1796, à dix-neuf ans, que le polygone régulier à 17 côtés était constructible, puis avait caractérisé tous les cas de constructibilité. Gauss avait coutume de ne publier ses découvertes que s'il les considérait comme mûres. L'examen de ses archives personnelles, après sa mort en 1855, a suscité bien des surprises : ainsi, les quaternions que Hamilton était si fier de découvrir en 1845 figurent explicitement dans des papiers de Gauss remontant à 1820. Cependant la théorie créée par Galois n'y a pas été retrouvée.

## *Les groupes*

La notion de groupe réunit dans une démarche dynamique le numérique et la géométrie. Elle permet d'exprimer une homogénéité entre tous les éléments d'un champ numérique, une symétrie entre tous les points d'un objet géométrique. Voyons comment.

Un groupe $G$ est une famille de transformations d'un ensemble $E$ qui possède les trois propriétés suivantes : la transformation identité (qui, en fait, ne transforme rien du tout !) appartient à $G$, le produit de deux transformations de $G$ (obtenue en les appliquant l'une après l'autre) est encore dans $G$, l'inverse d'une transformation $g$ de $G$ (qui défait exactement tout ce que $g$ a fait) existe et est encore dans $G$. Le terme « groupe » est dû à Galois, dont l'œuvre a certainement contribué à la diffusion du concept. Voici quelques exemples de nature géométrique : les rotations du plan (c'est-à-dire le cercle unité), les rotations de l'espace, les transformations conformes de la sphère, c'est-à-dire celles qui respectent les angles entre vecteurs tangents. En voici d'autres d'apparence plus numérique : les entiers relatifs, les réels et les espaces réels de dimension $n$, les courbes elliptiques avec la loi *ad hoc* (voir « Les courbes elliptiques réelles »). En voici d'autres enfin de nature combinatoire : les permutations d'un ensemble, le groupe de Galois d'un polynôme, le *groupe libre* à deux générateurs, c'est-à-dire l'ensemble des mots qu'on peut écrire avec les symboles $a$, $b$, $a^{-1}$, $b^{-1}$ où il n'y a pas de simplifications autres que les évidentes qui font disparaître les produits du type $aa^{-1}$ ou $a^{-1}a$, et où le produit de deux mots est obtenu en les accolant l'un à l'autre. L'identité du groupe libre est bien sûr le mot vide : le silence. Pour certains de ces groupes $G$, un ensemble $E$ sur lequel $G$ agit naturellement est donné par la définition même de $G$. Pour d'autres, par exemple le groupe libre, c'est moins évident. Ces présentations diverses cachent-elles une différence de nature ?

En fait, non. Pour comprendre cela, nous devons passer par la notion de représentation. Nous avons défini un groupe comme agissant sur un ensemble, mais cet ensemble n'est pas canonique, en d'autres termes il ne s'impose pas nécessairement comme étant mieux adapté qu'un autre. Pour le cercle unité nous pouvons prendre le plan, pour les entiers relatifs, la droite (en les faisant agir par translation). Le groupe des permutations d'un ensemble à trois éléments s'identifie au groupe des isométries planes qui respectent un triangle équilatéral. Le groupe des permutations d'un ensemble à cinq éléments cher à Galois s'identifie au groupe des isométries de l'espace qui respectent un dodécaèdre régulier. Nous pouvons faire agir le groupe libre sur lui-même, en disant que l'action d'un mot $M$ sur un mot $X$ consiste à coller $M$ après $X$, mais c'est une solution paresseuse. Avec un peu de travail, nous pouvons le faire agir sur l'espace de dimension 3 : en effet, quand on compose des rotations d'axes différents et d'angles incommensurables avec $\pi$, aucune simplification n'apparaît. Cette dernière représentation est bien intéressante puisqu'elle conduit au paradoxe de Banach-Tarski (voir *L'AdN*, chapitre 9). Une courbe elliptique (sur les complexes) s'identifie en tant que groupe au produit du cercle avec lui-même, c'est à dire à un groupe d'isométries sur l'espace complexe de dimension 2. Le groupe des transformations conformes de la sphère s'identifie à celui de toutes les transformations homographiques, donc essentiellement à un groupe de matrices complexes de rang 2... Bref, tous nos groupes finissent par ressembler à des groupes de transformations linéaires sur des espaces vectoriels, de dimension finie dans les exemples ci-dessus. En d'autres termes, nous pouvons choisir pour $E$ un espace vectoriel et faire apparaître $G$ comme une famille d'applications linéaires sur cet espace. Il s'agit là d'un théorème, et sa formulation précise est bien choisie puisqu'on parle de *représentation* des groupes. Nous pouvons donc représenter concrètement les groupes, comme nous avions tenté de le faire pour les anneaux (voir « Les entiers invariables »). Il faut bien sûr affiner notre propos : en général un groupe est davantage qu'une structure sèchement algébrique, il est également muni d'une structure topologique qui exprime la proximité entre deux éléments. On s'intéresse alors aux représentations continues qui reflètent cette proximité, et leur existence s'ensuit (pour les groupes localement compacts) de celle de la mesure de Haar, issue de la théorie de l'intégration de Lebesgue... Mais voici que je prononce bien des mots techniques ! Il est temps de laisser à son travail le lecteur qui désire approfondir tout cela, il verra que c'est beau. Nous allons plutôt nous consacrer à quelques exemples.

## *Compter, peser et diviser*

Les apprentis scientifiques expriment parfois un brin de mépris à l'égard de la chimie, qu'il suffirait d'apprendre alors qu'il faudrait comprendre les mathématiques, par exemple. Ils ont pourtant sous les yeux l'icône que nous devons au talent de Dimitri Mendeleev (1837-1904) : le tableau périodique des éléments, de l'hydrogène subtil à l'infernal plutonium et aux éléments synthétiques plus lourds et plus instables encore. Un peu de mnémotechnie permet d'en apprendre les lignes successives : Knudsen, Capitaine Scandinave, Tira sa... du Brave Kroumir, voici les 18 éléments qui vont du potassium (K) au krypton (Kr), je vous fais grâce du contenu des points de suspension. La classification fournie par ce tableau est d'une importance capitale pour notre compréhension des atomes et des ions. Elle établit en particulier des analogies profondes entre les éléments qui apparaissent dans une même colonne. Comprendre les atomes, c'est comprendre les molécules qu'ils composent, et toute la chimie du monde qui nous entoure. Bref, c'est de la très belle science !

Les chimistes nous ont donc appris que les corps chimiques étaient composés de molécules, que ces molécules étaient des groupements d'atomes et que ces atomes étaient susceptibles d'une classification satisfaisante. Les mathématiciens cherchent évidemment à faire aussi bien qu'eux, avec les objets de leur science. Si leurs molécules sont par exemple des nombres entiers, les atomes seront les nombres premiers. Mais on voit tout de suite que ces nouveaux Mendeleev vont au-devant d'une grosse difficulté. Les chimistes n'ont qu'un nombre fini d'éléments purs à considérer, cette finitude est d'ailleurs une confirmation simple et éclatante de la « théorie atomique ». Mais les mathématiques conduisent irrésistiblement à l'infini : on sait – au moins depuis Euclide – qu'il existe une infinité de nombres premiers, et nous nous sommes progressivement convaincus qu'aucune de leurs classifications n'exhiberait l'utile régularité du tableau périodique. C'est qu'un nombre premier paraît plus incassable qu'un atome ! Un noyau atomique est fait de protons et de neutrons, il est donc susceptible de décomposition, et c'est d'ailleurs bien ce qui arrive aux noyaux fissiles radioactifs. Peut-on décomposer un nombre premier ? La surprise est que oui, puisqu'un nombre premier peut cesser de l'être quand on élargit le domaine numérique dans lequel on travaille : par exemple, $5 = (2+i)(2-i)$ n'est plus premier dans l'anneau $\mathbf{Z}[i]$ des entiers de Gauss. De plus, nous savons depuis 2002 et la découverte sensationnelle de trois jeunes informaticiens indiens (Agraval, Kayal et Saxena) qu'il existe un algorithme qui décide, en un temps majoré par la puissance 7 du nombre de chiffres d'un entier arbitraire $n$, si cet entier $n$ est premier ou non. Pourtant ces approfondissements ne suffisent pas à conjurer un désordre qui paraît bien relever de la nature des choses.

Pas de tableau de Mendeleev, donc, pour les entiers. Soit. Mais les mathématiciens ont bien d'autres listes d'objets à tenter de classer. Si la structure sous-jacente est assez riche, on peut espérer exhiber des régularités qui vont conduire à une classification satisfaisante. Le plus ancien exemple est celui des polyédres réguliers en dimension 3, dont les contemporains de Platon savaient déjà qu'ils n'étaient que cinq : tétraèdre, cube, octaèdre, dodécaèdre, icosaèdre. Des polyèdres réguliers à leurs symétries, et de leurs symétries aux groupes finis qu'elles engendrent, il n'y a que deux petits pas. De fait, les groupes finis sont susceptibles d'une classification raisonnable, à partir de l'analogue dans cette catégorie des nombres premiers : les *groupes simples*, qui ne contiennent aucun sous-groupe propre distingué et qu'on ne peut donc pas dévisser en composants plus élémentaires. Ces groupes simples sont en nombre infini, leur ensemble est constitué de quatre séries infinies, parmi lesquelles les groupes $\mathbf{Z}/p\mathbf{Z}$ des résidus modulo $p$ (premier) et les groupes alternés $A_n$ des permutations paires des ensembles à $n$ éléments (avec $n \geq 5$, merci monsieur Galois), auxquelles il faut ajouter les 26 groupes simples sporadiques dont le plus grand, le groupe « Monstre » de Fischer-Griess, a 808 017 424 794 512 875 886 459 904 961 710 757 005 754 368 000 000 000 éléments. C'est à peu près dix mille fois plus que notre planète ne contient d'atomes, nous n'en ferons donc pas la liste de sitôt. La démonstration qui établit la classification des groupes finis est considérée comme achevée depuis 1983, avec une démonstration qui comprend plusieurs milliers de pages et qui n'aurait pas été menée à bien sans les moyens modernes de calcul. Avec ce résultat, un chapitre de l'algèbre se ferme, mais il n'est pas le dernier.

## *Le polyèdre ultime*

Le corps des complexes est un auxiliaire précieux de la géométrie plane : par exemple les similitudes s'identifient aux transformations affines, la réalité du birapport est la condition de cocyclicité, l'inversion est donnée par $1/\bar{z}$, etc. Il est bien naturel de chercher une structure algébrique qui rendrait les mêmes services quand on se mêle de faire de la géométrie dans l'espace. Comme Gauss puis Hamilton l'ont établi, cela n'est pas possible en dimension 3 mais ça le devient en dimension 4. Autrement dit, l'espace $\mathbf{R}^4$ peut être muni d'une structure de corps (voir *L'AdN*, appendice 4). Au-delà, l'espace de dimension 8 constitue une algèbre non associative, comme l'a montré Cayley dès 1846.

Ces premiers résultats ont ouvert la voie vers les propriétés spéciales des espaces dont la dimension est paire, ou plus précisément est un multiple de 8, ou plus précisément encore une puissance de 2. L'analogie dimension/numéro atomique avec la chimie est donc éclairante : l'espace de dimension 8 est profondément différent de l'espace de dimension 7 mais présente des similarités avec l'espace de dimension 4. De même, les propriétés chimiques du krypton sont très différentes de celles du brome mais se rapprochent de celles de l'argon. Cette direction de recherche a donné lieu à de nombreux théorèmes, mais nous allons nous focaliser sur un exemple.

Les groupes de transformations qu'utilisent les physiciens sont le plus souvent des groupes « continus », où on peut parler de proximité entre deux éléments. Par exemple, quand nous modélisons le mouvement d'un solide dans l'espace à l'aide du groupe des déplacements, les mathématiques nous permettent d'exprimer le fait que deux positions sont proches ou que la trajectoire est lisse. Lorsqu'un nombre fini de paramètres suffit à caractériser chaque élément d'un tel groupe, on dit que c'est un *groupe de Lie*, en hommage à Sophus Lie (1842-1899) qui en a commencé l'étude. Le groupe $GL_n$ des matrices inversibles de rang $n$ est un exemple simple et important de groupe de Lie.

À tout groupe de Lie $G$ est associée une algèbre $A$ qu'on appelle tout simplement son algèbre de Lie, qui est constituée des paramétrages des sous-groupes de dimension 1 de $G$. Par exemple, l'algèbre de Lie du groupe des rotations planes (c'est-à-dire du cercle unité) est la droite réelle, et les paramétrages sont donnés par les exponentielles complexes $t \to e^{ikt}$, où $k$ est un réel arbitraire. Dans ce cas, le sous-groupe est toujours le groupe lui-même (sauf pour $k = 0$), mais on le parcourt, on tourne, plus ou moins vite. Une opération non associative particulière sur l'algèbre, le crochet de Lie (la terminologie manque un peu d'originalité), éclaire le lien entre les propriétés algébriques du groupe et sa « forme » en tant que variété. Ce crochet est identiquement nul dans le cas des groupes commutatifs. Si $G$ est le groupe $SO_3$ des rotations de l'espace $\mathbf{R}^3$ de dimension 3, l'algèbre de Lie $A$ est l'espace $\mathbf{R}^3$ lui-même, et le crochet de Lie est le produit vectoriel. Si $G$ est le groupe des déplacements de l'espace, $A$ est l'algèbre des torseurs chère aux mécaniciens. Enfin, tout élément de l'algèbre de Lie $A$ d'un groupe $G$ est un paramétrage, on a donc une application exponentielle qui va de $A$ dans $G$. Dans l'exemple de $SO_3$, l'exponentielle d'un vecteur $v$ de $\mathbf{R}^3$ est la rotation d'axe $v$ et d'angle égal à la longueur de $v$. Pour les groupes de matrices, on retrouve l'exponentielle de matrice définie par la série habituelle.

La classification des groupes de Lie est aujourd'hui pratiquement achevée. On constate une similarité avec celle des groupes finis, ce qui n'est pas surprenant puisqu'en remplaçant le corps des réels ou celui des complexes par un corps fini on peut naturellement construire des groupes finis à partir des groupes de Lie. On observe donc des séries infinies de groupes de Lie simples et quelques groupes de Lie sporadiques, objets particulièrement intéressants. Le plus complexe d'entre eux, noté $E_8$, a été découvert dès la fin du XIX^e siècle par Wilhelm Killing et Élie Cartan. Avant d'aller plus loin, précisons pour le spécialiste que la notation $E_8$ est utilisée pour plusieurs groupes de Lie (intimement liés) ainsi que pour leurs algèbres de Lie. Elle désigne ici le groupe « split $E_8$ ».

Le groupe $E_8$ est un groupe de Lie simple de dimension complexe 248, soit $2^8 - 8$. L'algèbre de Lie de $E_8$ est donc un espace vectoriel de dimension réelle 496. Elle contient ce qu'Élie Cartan a appelé un système de racines. Il s'agit d'un ensemble $R$ de 240 vecteurs qui engendre un espace de dimension 8 et qui possède de très nombreuses symétries : précisément, $R$ est invariant par rapport à un hyperplan orthogonal à chacun de ses vecteurs. Le groupe engendré par ces symétries, qu'on appelle le groupe de Weyl de $R$, a 696 729 600 éléments. Le polyèdre $R$, qui réside dans un espace de dimension 8, est donc un objet analogue au dodécaèdre, mais le groupe de Weyl de ce dernier (isomorphe à $S_5$) a 120 éléments. Cela donne la mesure du progrès réalisé depuis les Anciens.

Les représentations de $E_8$ ont fait l'objet d'un travail intense achevé en janvier 2007, qui a été jusqu'à intéresser les journalistes et le grand public, à la surprise de la trentaine de mathématiciens qui y ont contribué. Ces chercheurs constituent l'équipe informelle « Atlas des groupes » rassemblée par Jeffrey Adams et mon regretté collègue Fokko du Cloux (1954-2006). Rappelons que comprendre les représentations d'un groupe, c'est comprendre les actions possibles de ce groupe sur les espaces vectoriels, donc par exemple ses actions sur les espaces de fonctions. Dans le cas du cercle unité, il s'agit de la théorie des séries de Fourier, dans celui de la droite réelle, de celle de la transformation de Fourier. Le groupe $E_8$ est considérablement plus difficile à analyser que le cercle ou la droite. Nous n'entrerons donc pas dans les détails, mais les grandes lignes de l'histoire méritent d'être contées. La détermination des représentations de $E_8$ a nécessité le calcul d'une matrice à coefficients entiers à 453 060 lignes et autant de colonnes. Cette matrice est triangulaire supérieure et ses coefficients, égaux à la valeur en 1 de certains polynômes, présentent une certaine redondance. Mais il a quand même fallu calculer plus d'un milliard de polynômes ayant chacun une vingtaine de coefficients entiers, à l'aide de puissants calculateurs. L'ordre de grandeur du nombre de caractères dans le livre que vous tenez en main est le million. L'informatique est donc indispensable non seulement pour obtenir cette gigantesque matrice, mais pour stocker ses coefficients. Les programmes et les mathématiques sous-jacentes ne se prêtent pas à une description simple, mais essayons quand même d'esquisser l'une des techniques.

Un « octet » permet d'écrire les entiers inférieurs à $2^8 = 256$. Des calculs préliminaires ayant montré que certains coefficients étaient supérieurs à $2^{16} = 65\ 536$, deux octets ne permettaient pas de les écrire, et l'équipe Atlas se trouvait contrainte à stocker les coefficients des polynômes avec 4 octets, en espérant que cela suffirait. Mais utiliser 4 octets excédait déjà la capacité de l'espace mémoire. Pour éviter ce problème, la solution choisie fut de réduire le calcul modulo un entier $n$ au plus égal à 256, autrement dit de calculer les restes de la division des coefficients par $n$, qui peuvent s'écrire avec un seul octet. Bien sûr, on perd alors de l'information, puisque par exemple on ne distingue plus 0 de $n$. Mais, qu'à cela ne tienne, nous pouvons faire le calcul pour différentes valeurs de $n$, et nous appuyer sur le « théorème chinois ». Ce théorème, nommé ainsi en l'honneur des astronomes du Céleste Empire qui l'utilisaient pour calculer la fréquence des alignements planétaires, énonce que, si des entiers $n_1, n_2, ..., n_k$ sont premiers entre eux deux à deux, tout entier inférieur à leur produit est uniquement déterminé par les restes de ses divisions par ces entiers. Dans le cas présent, l'équipe Atlas a calculé modulo 253, 255 et 256, ce qui permettait de déterminer tous les coefficients inférieurs à 16 515 840. Ce triple calcul a suffi, puisque la nature a voulu que le plus grand coefficient soit égal à 11 808 808. Le groupe $E_8$ est désormais analysé.

Qu'il me soit permis de saluer à cette occasion la mémoire de Fokko du Cloux, qui a joué un rôle majeur dans la conception et la mise en œuvre des algorithmes qui ont permis ce résultat. Atteint d'une maladie neurologique implacable qui le paralysait, Fokko du Cloux a travaillé littéralement jusqu'à ses derniers jours. Son décès est survenu le 10 novembre 2006, deux mois avant que l'immense calcul soit enfin terminé. Incapable de s'asseoir pendant les derniers mois, il utilisait un vidéoprojecteur pour lire les programmes sur le plafond de sa chambre et ainsi partager avec l'équipe Atlas son irremplaçable savoir. Courage d'un chercheur exemplaire, écho poignant de la dernière lettre de Galois : « Je n'ai pas le temps... »

Avant de quitter $E_8$ et son système de racines, gardons-nous d'une erreur. Le lecteur pourrait penser que $E_8$ relève plutôt du *Livre Guiness des records* : la famille de symétries la plus complexe, la plus grande matrice, le plus long calcul motivé par un problème de mathématiques fondamentales... L'essentiel n'est pas là. L'équipe Atlas ne cherchait pas la performance, l'exploit sportif. L'important, c'est que *les objets qui portent une symétrie maximale soient utiles*. Nous le savons depuis la roue, mais choisissons un exemple plus récent : voici quelques années, les Parisiens jetaient leurs bouteilles vides, au point recyclage du coin de leur rue, dans un dodécaèdre. C'était un bon choix : toutes ses plaques sont identiques, la fabrication en est donc simplifiée, et c'est le polyèdre régulier le plus proche de la sphère, qui donne donc le plus grand rapport volume/surface. Bien sûr, $E_8$ ne vous rendra pas ce service, à moins que vous ne consommiez des breuvages de dimension 8. Il n'est par inutile pour autant ! Nous avons entrevu l'importance de la symétrie pour les physiciens, et $E_8$ est actuellement utilisé en physique théorique, dans la modélisation de la « supersymétrie ». Certaines de ses propriétés relèvent de l'arithmétique des fonctions thêta, d'autres, de la géométrie différentielle. Enfin, $E_8$ et les réseaux très symétriques qui s'en déduisent fournissent des codes autocorrecteurs optimaux, qui permettent de localiser les erreurs éventuelles dans une transmission et de reconstituer le message originel. Nous reviendrons sur la question (voir « Transcrire et transmettre »).

De la géométrie à la théorie de l'information en passant par l'algèbre et sans oublier la physique : la symétrie nous est bien utile. Mais la dissymétrie, à quoi sert-elle ?

## *Utiliser la dissymétrie*

La boiterie est le syndrome universel des personnages de l'entre-deux-mondes : Jacob luttant avec l'ange est blessé à la hanche, Achille paie de sa vie la vulnérabilité de son talon, Cendrillon perd sa chaussure. Mieux vaut entrer boiteux dans le Royaume des Cieux que d'être jeté avec ses deux pieds dans la Géhenne, énonce l'Évangile (Mt 18, 8). Comment faire autrement quand, dès l'enfance, la marelle nous fait sauter à cloche-pied de la Terre au Ciel ?

Le lecteur pourra prolonger cette liste en relevant les occurrences, dans des œuvres éloignées de toute préoccupation symbolique (séries télévisées, films grand public...), des soudaines capacités extrasensorielles des personnages qui, par exemple, se cassent la jambe. Les réalisateurs ne font naturellement qu'utiliser les données que l'inconscient leur suggère. Boiterie, dissymétrie qui marque la frontière du monde rationnel, qui nous déstabilise tant et si bien que nous ne savons plus sur quel pied danser. Mais ne nous laissons pas entraîner dans un argument bancal ! Gardons les deux pieds sur terre, et revenons aux mathématiques, où se déploie en toute rationalité le pouvoir créatif de la dissymétrie.

Il n'est pas bien difficile de calculer le carré d'un nombre entier : comme nous le disions à l'école primaire, ça tombe toujours juste. Mais la racine carrée, c'est une autre histoire, et, si notre instituteur nous en parlait déjà, ce n'était que pour en faire un mystère propre à exciter notre curiosité. Comme il avait raison. Nous savions diviser, cependant. Mais, là encore, ça ne tombait pas toujours juste, surtout quand on s'était trompé en début de problème : inquiétude quand le calcul donnait que l'épicière pouvait acheter 2,7 bicyclettes avec son bénéfice net ! Un peu plus tard, nous avons appris à dériver quelques fonctions, puis à les intégrer. Mais c'est alors l'intégration qui nous a donné du fil à retordre : quel dommage que la primitive de la fonction de Gauss $e^{-x^2}$ ne puisse s'exprimer simplement, cela aurait été si pratique pour les calculs !

Ces exemples illustrent une constatation : *une opération réversible peut être qualitativement plus simple que son inverse.* Ne déplorons pas cette dissymétrie indéniable, soulignons plutôt sa puissance génératrice. La soustraction a conduit à considérer les quantités négatives, la division, les fractions, l'extraction de racines carrées nous a mené aux nombres irrationnels, l'intégration a donné naissance à des espaces de fonctions toujours plus généraux. Quand nous lisons les tables (de multiplication, de dérivation, etc.) à l'envers, nous sommes conduits à *interpoler* et cela fait naître de nouveaux objets. Surtout, cela constitue la pratique (prudente) de l'interpolation en démarche authentiquement mathématique. Grâce à quoi chacun trouve désormais normal que la racine carrée de $x$ soit $x^{1/2}$, même s'il se rencontre encore quelques personnes pour s'étonner que la dimension d'un espace puisse ne pas être un nombre entier, et quelques étudiants, pour froncer les sourcils quand on leur parle de la dérivée 5/2e d'une fonction. Pourtant Leibniz a considéré dès 1703 la quantité $\left(\sqrt{2}\right)^{\sqrt{2}}$ qu'il nomme *interscendante,* et posé en 1710 la question des dérivées d'ordre fractionnaire. C'est que la démarche créatrice de l'interpolation s'empare du chaînon manquant pour en faire naître une nouveauté ! Car, si les mathématiques connaissent l'impossible, elles sont fondamentalement étrangères à la notion d'interdit. Comme l'a écrit Cantor : « L'essence des mathématiques, c'est la liberté. »

Nous venons de voir que les polyèdres très symétriques permettaient de définir des codes autocorrecteurs, en fournissant en quelque sorte une complexité contrôlée. La symétrie est à la base des mathématiques du chimique, du minéral. Au tableau de Mendeleev répond la liste de tous les cristaux possibles qui constitue la cristallographie, avec sa terminologie poétique (octaèdre orthorhombique...) et la liste, établie par Fedorov et Schoenflies, des 230 groupes de symétries spatiales qui permettent de classifier les cristaux. Il s'agit bien sûr dans ce cas de groupes qui opèrent sur l'espace physique, de dimension 3. Comme on l'a vu, nous pouvons augmenter la dimension, mais généralement *les structures symétriques restent contrôlables*. Tant mieux, me direz-vous. On peut préférer Versailles au Neuschwanstein de Louis II de Bavière, le roi fou. Pourtant c'est parfois de complexité incontrôlée, voire potentiellement incontrôlable, qu'on a besoin. Où la trouver ?

La nature a répondu à cette question par la vie, dont la complexité croît sans cesse et sans limite apparente. Les mathématiques du vivant n'en sont qu'à leurs débuts. Mais une remarque profonde de Pasteur peut déjà nous orienter : « La dissymétrie, c'est la vie. » Elle suggère que derrière la dissymétrie se cache le réservoir de complexité dont nous avons besoin. Donnons un exemple. Il est facile de faire le produit de deux nombres premiers. Mais, s'ils sont assez grands (disons, une centaine de chiffres chacun), il est très difficile de retrouver ces deux nombres a partir de leur produit, qui pourtant les détermine entièrement. Cette remarque simple, qui a bien sûr été approfondie, permet de chiffrer des messages avec des codes *bootstrap* (c'est-à-dire chausse-trapes) tels que la méthode de codage, qui utilise le produit, soit qualitativement plus simple que la méthode de décodage qui nécessite la connaissance de chacun des facteurs. Plutôt que les entiers, on utilise aujourd'hui la structure de groupe des cubiques non dégénérées (voir « Le secret d'Alice et Bob »). Nous reviendrons sur les mathématiques de l'information (voir « Transcrire et transmettre »). Notre conclusion provisoire sera le résumé suivant : la symétrie nous donne les moyens de transmettre l'information avec un minimum d'erreurs, la dissymétrie nous fournit les codes secrets qui permettent de la chiffrer.

Extraire une racine est plus difficile que calculer une puissance, nous l'avons dit. Mais ce n'est pas tout : le thème est plus difficile que la version, la découverte d'une preuve, plus difficile que la vérification de celle-ci. Nous le savons si bien que nous sommes plus rassurés devant un exercice dont nous savons qu'un oracle (notre enseignant, en général) connaît la solution que devant un problème de recherche : si l'oracle veut bien s'exprimer, nous saurons au moins comprendre la démarche et la vérifier. Après tout, il n'est pas nécessaire de s'appeler Beethoven pour apprécier sa neuvième symphonie, mais c'était une autre histoire que de l'écrire. Cette dissymétrie fondamentale se cristallise dans le problème ouvert le plus important de l'algorithmique : est-ce que $P = NP$ ? Expliquons cette équation cryptique par un exemple. Un voyageur de commerce doit visiter $n$ villes, et il a le choix de l'ordre dans lequel il effectue ses visites. Bien entendu, il veut parcourir aussi peu de kilomètres que possible. L'analyse de ce *travelling salesman problem* montre qu'une longueur $L$ étant donnée on peut vérifier en temps polynomial (c'est-à-dire contrôlé par une puissance du paramètre du problème, ici le nombre $n$ de villes) si un chemin est plus court que $L$. Par contre, on ne connaît pas à ce jour d'algorithme en temps polynomial permettant de décider de l'existence d'un chemin de longueur bornée par $L$, et on ne sait pas non plus démontrer qu'un tel algorithme n'existe pas. Le lecteur pourrait penser que le problème du voyageur de commerce est bien particulier, et que ce n'est pas si grave si ce problème reste ouvert. Ce serait une erreur : il appartient à la classe des problèmes $NP$-complets, qui regroupe à ce jour plusieurs centaines de problèmes, d'énoncés et de propos très différents : pour n'en citer qu'un, la détermination du nombre chromatique d'un graphe (voir « Des petits dessins ») où le paramètre est le nombre de sommets. On sait que trouver un algorithme en temps polynomial pour l'un d'entre eux impliquerait l'existence d'un tel algorithme pour tous. Cela voudrait dire que, si l'on peut vérifier la validité d'une solution en temps polynomial, on peut aussi trouver une solution en temps polynomial, ce qu'on résume par $P = NP$. Ce serait donc une révolution pour la recherche opérationnelle. Inversement, une démonstration de la non-existence d'un algorithme en temps polynomial permettrait de préciser et de formaliser ce que nous constatons empiriquement : il est plus facile de vérifier que de découvrir. C'est l'une des raisons qui incitent une majorité de spécialistes à penser que $P$ et $NP$ sont différents. Seront-ils un jour surpris ?

L'étymologie du mot « problème » est « ce qui est jeté devant »... Eh bien, l'univers est en effet jeté devant nous comme une immense énigme, l'hydre-univers tordant son corps écaillé de questions, pour pasticher Victor Hugo. Ces questions ne sont pas des questions fermées, et encore moins à choix multiple. Ce sont des questions ouvertes : leur contenu ne dit rien de leur solution, ni même *si* elles ont une solution. Leur énoncé peut être d'une simplicité désarmante, qui nous prive de tout angle d'attaque. Nous sommes donc pour toujours aux prises avec une dissymétrie omniprésente : celle du connu et de l'inconnu. Tant mieux d'ailleurs : un univers algorithmique finirait par mettre les chercheurs au chômage technique. Mais nous sommes à l'abri de ce risque.

CHAPITRE IV

# DE LA LOGIQUE AVANT TOUTE CHOSE

Les chats sont incapables de produire une œuvre immortelle, Socrate a produit une œuvre immortelle, donc Socrate n'est pas un chat. Toute personne qui reconnaît la véracité des deux premiers termes de cette phrase accepte *ipso facto* le troisième terme. Comme on le dit communément, c'est logique. Et si évident qu'on ne voit pas très bien pourquoi il faudrait s'attarder là-dessus. Aristote a fermé le sujet, qui d'ailleurs relève de la philosophie et non des mathématiques, n'est-ce pas ? Non, ce n'est pas. Pour le comprendre, commençons par un précurseur.

## *Le médian et l'indivisible*

Blaise Pascal (1623-1662) était un esprit singulier. Parmi ses obsessions les plus fécondes figure ce qu'on pourrait appeler le concept médiateur, qui fait équilibre entre deux extrêmes. L'homme est ainsi « un néant à l'égard de l'infini, un tout à l'égard du néant, un milieu entre rien et tout », il n'est « ni ange ni bête, et le malheur veut que qui veut faire l'ange fait la bête ». Son devoir est de se garder de « deux excès : exclure la raison, n'admettre que la raison ». Cette démarche systématique l'entraîne parfois à appliquer son intelligence à des questions qui nous étonnent aujourd'hui. Mais après lui Newton, par exemple, consacrera ses plus grands efforts à l'alchimie et à l'interprétation des textes bibliques. Peut-on reprocher aux scientifiques qui sont à la pointe du progrès dans leur discipline d'être avant tout de leur pays et de leur époque ?

Restons donc dans les sciences, où la recherche de l'objet médian a conduit Pascal à plusieurs idées fondamentales. En un temps où les fondements de la géométrie demeurent flous, il insiste sur la présence, entre deux points distincts de la droite, d'un point intermédiaire et par conséquent d'une infinité de points puisqu'on peut répéter cette dichotomie. Il n'y a donc pas de segment indivisible. Mais Pascal ne perd pas de vue que l'espace épouse le numérique, donc la combinatoire, donc la logique. Il affirme lumineusement : « Les nombres imitent l'espace, qui sont de nature si différente. Tout est fait par un même maître : la racine, les branches, les fruits ; les principes, les conséquences. » La divisibilité illimitée, règle de la nature, s'applique également à l'axiomatique. En parallèle avec le célèbre passage sur le ciron où il met en scène une suite infinie de mondes emboîtés, Pascal écrit : « Car qui doute que la géométrie, par exemple, a une infinité d'infinités de propositions à exposer ? Elles sont aussi infinies dans la multitude et la délicatesse de leurs principes : car qui ne voit que ceux qu'on propose pour les derniers ne se soutiennent pas d'eux-mêmes, et qu'ils sont appuyés sur d'autres qui, en ayant d'autres pour appui, ne souffrent jamais de dernier ? Mais nous faisons des derniers qui paraissent à la raison comme on fait dans les choses matérielles, où nous appelons un point indivisible celui au-delà duquel nos sens n'aperçoivent plus rien, quoique divisible infiniment et par sa nature. » Pascal prétend donc, avec une belle confiance dans les capacités de ses lecteurs, que chacun voit que toute proposition se ramifie, mais que c'est notre myopie collective qui nous fait prendre pour des axiomes des énoncés qui pourtant ne sont pas moins divisibles que leurs conséquences. On refrène difficilement une petite pointe d'anxiété à cette lecture : finalement, sur quelle base prétend-on qu'une proposition est vraie ? Bonne question. En physique, il explique enfin : « Qu'il y a autant de différence entre le néant et l'espace vide, que de l'espace vide au corps matériel ; et qu'ainsi l'espace vide tient le milieu entre la matière et le néant. » Voici une belle percée conceptuelle, qui ébranle le front de la connaissance depuis la philosophie (le non-être est-il ?) jusqu'à la physique expérimentale puisqu'elle conduira son beau-frère Florin Périer à l'assaut du puy de Dôme, tubes à mercure en main. Pascal se contentera de la tour Saint-Jacques.

## *Le vide et le néant*

Mais voilà justement une idée première, indivisible, axiomatique, sur laquelle nous appuyer : le vide. Un contenant a bien des contenus possibles, mais une seule façon d'être vide, n'est-ce-pas ? La pratique de la spiritualité a dégagé le concept bien avant que les scientifiques ne s'y intéressent. Peut-être parce qu'une réflexion soutenue peut conduire en effet à ce qu'on appelle l'expérience du vide, difficile et pas nécessairement agréable. Pour le bouddhisme zen, le vide est absence, négation du plein. La méditation sur cette absence, soutenue par la pratique des *koan* – exemple : comment applaudir avec une seule main ? –, conduit à l'éveil le disciple enfin délivré des contingences matérielles. Les citations abondent donc où le vide est invoqué. Bouddha énonce dans la sutra du cœur que « la forme est vide, le vide est forme ». Le judaïsme désigne une pièce déserte, où entre une fois par an, seul, le grand prêtre, comme cœur de l'enceinte sacrée du Temple : le Saint des saints de Jérusalem. En cette même ville, l'étrange récit de la résurrection fera d'un tombeau vide le saint des saints du christianisme.

Le vide n'est pas seulement un objet de méditation : sa puissance opératoire est depuis longtemps perçue. Le *Dao De Qing*, en s'appuyant sur le travail du potier, affirme ainsi : nous faisons avec ce qui est, mais nous utilisons ce qui n'est pas. Le calligraphe Huang Yang explique : « Avec les ressources du noir et le vide du papier blanc, tu peux tout créer, comme la nature à l'origine a tout créé avec deux éléments opposés et complémentaires, le yin et le yang, qui se fondent dans une seule unité. » Angoisse de la page blanche, cependant, car la considération du vide implique une difficulté incontournable : nous sommes amenés à définir ce qui n'est pas à partir de ce qui est. Le matérialisme de Bertolt Brecht répond à la poétique orientale quand il écrit dans *Mère Courage* : « Que devient le trou quand on a mangé le fromage ? »

Comment résumer ces idées, à l'usage des scientifiques ? Peut-être en soulignant la distinction entre vide et néant. *Le néant n'est pas, le vide peut être investi*. Illustrons cela par une idée simple, proche de la réflexion des calligraphes. Longtemps avant Descartes, les Anciens avaient fait le lien entre une équation et une courbe, et relié géométrie et calcul. Mais c'est bien la Renaissance qui a dégagé les concepts de la géométrie cartésienne : le plan, repéré à l'aide de deux axes de coordonnées, préexiste aux courbes qu'on peut éventuellement y tracer. *Idem* pour l'espace, où trois axes sont bien sûr nécessaires. Soit une courbe que l'on étudie : au lieu de se figurer qu'en dehors de cette courbe il n'y a rien, il faut penser qu'au contraire il y a des points qui ne servent pas, ou pas encore, mais qui constituent déjà un potentiel utilisable. Dès lors, la voie est ouverte vers la considération des fonctions les plus générales, puis des espaces les plus généraux. Par exemple, on a toute liberté pour établir la distinction entre variables et paramètres, puis pour faire varier ces paramètres et considérer des familles de fonctions (voir « Les frères ennemis »). Il est tentant d'extrapoler cette idée, puissamment pertinente en mathématiques, vers la physique ; Leibniz y avait déjà songé en énonçant son célèbre et si mal compris : « Tout est pour le mieux dans le meilleur des mondes possibles. » Nous observons un univers unique, mais il n'est pas défendu de faire *varier les constantes* de la physique (la constante de Planck, la masse du proton, la constante de la gravitation, etc.) et d'étudier les propriétés de l'univers correspondant. Après tout, si nous n'observons qu'un univers, cela n'implique pas nécessairement qu'il n'y en a pas d'autres, et une partie de la physique contemporaine prend cette éventualité au sérieux. Je n'ai pas la compétence nécessaire pour discuter de la pertinence de ces nouvelles expériences de pensée. Contentons-nous donc de l'univers observable, et attirons l'attention du lecteur sur une erreur possible. Le Big Bang ne doit pas être compris comme un gigantesque feu d'artifice qui exploserait dans un espace préétabli (voir « L'Univers dissymétrique ? »). Il n'y a pas d'espace en dehors du Big Bang, donc pas de vide, mais le néant. RIEN.

Dans l'espace numérique, on peut rapprocher la pertinence du vide de l'invention du zéro, saut conceptuel important puisqu'il désigne une absence, et bien utile puisque les systèmes de numération modernes qu'il permet se prêtent à tous les algorithmes, des quatre opérations de notre enfance jusqu'aux performances des ordinateurs contemporains (voir *L'AdN*, chapitre 2 et appendice 1). Et, parallèlement en théorie des ensembles, l'ensemble vide est l'objet premier dont on affirme l'existence, et l'univers de la théorie des ensembles en est issu par itération des opérations autorisées dans l'axiomatique correspondante, qu'on désigne par ZF en l'honneur de Zermelo et Fraenkel, ou ZFC si l'on y ajoute l'axiome du choix (voir *L'AdN*, appendice 5). On y définit donc, pratiquement, ce qui est à partir de ce qui n'est pas. Cette théorie des ensembles constitue le fondement des mathématiques d'aujourd'hui, suffisamment solide et cohérent pour qu'une remise en cause ne soit pas à l'ordre du jour, sauf surprise.

Le XX^e^ siècle a donc parachevé l'œuvre d'Euclide en établissant que la totalité des mathématiques relevait de l'itération illimitée d'un nombre limité de principes : une théorie verticale, quelque peu monothéiste. Cette belle découverte, dont nous allons parler, a pu contribuer à mettre les physiciens en confiance dans leur recherche d'une *Grand Unified Theory* qui ferait dériver toute la physique d'un petit nombre d'équations fondamentales. À ce jour, le système international ne comporte d'ailleurs que sept types d'unités (longueur, masse, temps, courant électrique, température, quantité de matière, intensité lumineuse) pour exprimer toutes les mesures. Cette finitude est-elle dans la nature des choses ? Je ne sais pas. La recherche se poursuit.

## *Le démontrable et le vrai*

Un professeur de mathématiques insiste en général beaucoup sur le fait qu'aucune proposition ne peut être affirmée sans démonstration. Il a bien raison. Cela peut cependant conduire ses élèves, et lui-même, à la conviction qu'en mathématiques le vrai coïncide avec le démontrable. Mais est-ce bien vrai ? Et, de plus, démontrable ? Pour aborder cette question délicate, nous avons besoin d'un peu de préparation. La perspective historique va nous y aider.

Au commencement étaient les Grecs, qui comme chacun le sait ont posé les bases de la logique formelle. Il est moins connu qu'ils ont approfondi l'étude quantitative de ses aspects combinatoires. Par exemple, l'astronome Hipparque a énoncé voici vingt-deux siècles qu'avec dix propositions élémentaires on pouvait établir avec les connecteurs logiques 103 049 propositions complexes affirmatives et 310 952 propositions négatives. Plutarque rapporte le résultat mais non la méthode utilisée par Hipparque, qui n'a été élucidée que très récemment par David Hough et Laurent Habsieger. Clin d'œil des temps modernes, c'est justement à propos du cirque Hipparque (qui n'a pas besoin de deux clowns) qu'Hergé laisse Dupont et Dupond s'empêtrer longuement dans les doubles négations à la page 19 de l'album *On a marché sur la Lune*... Merci Tintin, pour cet hommage involontaire au grand astronome.

Les Anciens ont donc été loin. Pour que leur point de vue soit véritablement dépassé, il nous faut attendre l'aube de l'ère industrielle : la Renaissance. Leibniz est sans doute le premier à prendre pleinement conscience du caractère *machinal* de la logique aristotélicienne, et plus généralement des mathématiques, peut-être. Il s'applique d'ailleurs à inventer toutes sortes de mécanismes, et parvient à améliorer la machine à additionner de Blaise Pascal en concevant les plans détaillés de machines à multiplier. Il envisage plus généralement que tout problème mathématique puisse se réduire à un calcul, et mieux encore qu'on sache concevoir un automate qui réponde à toutes les questions. Même si la construction effective de cet automate se trouvait être pratiquement impossible ou du moins au-delà des moyens de son époque, il était clair qu'établir son existence porterait à conséquences : tout énoncé vrai serait démontrable, tout énoncé faux, réfutable, toute contradiction éliminée, à moins bien sûr que les mathématiques soient contradictoires. Et pour vérifier ce dernier point il suffirait de demander à l'automate ce qu'il pense de l'équation $0 = 1$.

Il faut naturellement préciser le sens de bien des mots dans le paragraphe qui précède : qu'est-ce qu'un automate, qu'est-ce qu'une question mathématique, qu'est-ce qu'un calcul ? La formalisation des mathématiques, le concept même de langage formel ne sont pas à l'ordre du jour à l'époque de Leibniz, sauf bien sûr dans ses propres idées, mais il en a tant qu'il ne peut toutes les mettre pleinement en œuvre. Dès 1703 pourtant, il présente à l'Académie des sciences de Paris son mémoire *Explication de l'arithmétique binaire qui se sert des seuls caractères 0 et 1 avec des remarques sur son utilité et sur ce qu'elle donne le sens des anciennes figures chinoises de Fohy*. Mais il est vraiment trop en avance, et même un siècle plus tard Charles Babbage (1791-1871) verra ses tentatives de construction d'une machine arithmétique gâchées par l'insuffisance des moyens mécaniques de son temps. Il faut donc en pratique attendre les toutes dernières années du XIX^e siècle pour que le sujet devienne véritablement d'actualité. Et cela pour des raisons qui sont d'abord extérieures à la logique.

Georg Cantor est le créateur de la théorie des ensembles. Son point de départ est un problème d'unicité du développement d'une fonction en série de Fourier, qu'il résout en 1871. Ce faisant, il est amené à étudier les sous-ensembles fermés de la droite réelle, et à constater qu'ils sont sensiblement plus difficiles à analyser que leurs complémentaires, les sous-ensembles ouverts. Cela le conduit à concevoir les ordinaux transfinis, les cardinaux infinis, puis à poser les bases de la théorie des ensembles, et enfin à attirer l'attention des mathématiciens sur les questions explosives qu'elle recèle (voir *L'AdN*, chapitre 8). Pour n'en citer qu'une, rappelons que Cantor énonce, bien naturellement, que toute partie d'un ensemble est un ensemble, puis établit rigoureusement que tout ensemble $E$ a strictement moins d'éléments que l'ensemble $P(E)$ de ses parties, avant de réaliser avec angoisse que cela lui interdit de parler de l'ensemble $U$ de tous les ensembles. En effet, $P(U)$ est un sous-ensemble de $U$ puisque $U$ contient tous les ensembles, et donc chaque élément de $P(U)$ est élément de $U$. Mais comment cela se pourrait-il puisque $P(U)$ a plus d'éléments que $U$ ? Et, si l'ensemble de tous les ensembles n'existe pas, dans quel cadre peut-on confiner les mathématiques ?

Ces considérations troublantes, dont la question ci-dessus n'est qu'un échantillon, vont induire au tournant du siècle ce qu'on appelle la crise des fondements. Le congrès de 1900 (à Paris) en constitue l'un des moments chauds. Cantor a confié ses tourments au chef incontesté de l'école mathématique allemande, David Hilbert. Celui-ci est conscient de l'importance fondamentale de la théorie des ensembles. Lors du congrès de Paris, il invite donc l'élite des mathématiciens de son époque à consolider cette théorie, à la formaliser de façon à en éliminer tout paradoxe, et plus ambitieusement encore à réaliser le vieux rêve de Leibniz en montrant que toute question mathématique est susceptible d'une approche algorithmique. Comme pierre de touche de cette conjecture hardie, il propose les *équations diophantiennes*, c'est-à-dire les équations polynomiales à un nombre fini de variables dont on cherche des solutions en nombres entiers : est-il possible de déterminer, en n'employant que des procédés finis (nous pourrions dire de nos jours des programmes informatiques), si une équation diophantienne arbitraire a ou n'a pas de solution ? Hilbert est intimement convaincu de la puissance de nos capacités de discernement, et des devoirs impérieux qui en résultent. La devise qu'il fera graver sur sa pierre tombale, pastiche du slogan patriotique de la Première Guerre mondiale, en témoigne : « *Wir müssen wissen, wir werden wissen.* » Nous devons savoir, nous saurons.

Durant les premières années du XX^e^ siècle, l'optimisme de Hilbert apparaît pleinement justifié. Ses émules parviennent en effet à formaliser correctement la théorie des ensembles, de façon à en éliminer les paradoxes grossiers et à autoriser un développement satisfaisant des mathématiques (voir *L'AdN*, appendice 5). Par exemple, l'axiome de fondation, qui énonce que tout ensemble non vide possède un élément disjoint de lui, suffit à montrer que la relation $\in$ d'appartenance est bien fondée et en particulier qu'aucun ensemble n'est l'un de ses propres éléments. Donc *exit* l'ensemble de tous les ensembles et avec lui toute une bande d'objets paradoxaux. Mais par ailleurs l'axiome de fondation est si général qu'il n'empêche nullement une pratique très souple des mathématiques. Les tables de la loi que Zermelo, Fraenkel, Skolem et quelques autres ont écrites pour nous laissent donc toute sa place à la libre pensée. Et c'est dans le cadre qu'elles définissent que les mathématiciens progressent depuis un peu plus d'un siècle, avec la conviction qu'aucune contradiction ne les menace.

Conviction, oui, mais pas certitude. Nous savons en effet depuis 1930 qu'il est impossible d'exclure l'existence d'une contradiction dans la théorie des ensembles, et même dans une fraction de celle-ci : l'arithmétique telle qu'elle a été formalisée par Peano et que nous supposons non contradictoire. C'est essentiellement ce qu'exprime le théorème d'incomplétude de Kurt Gödel. Ce théorème a intéressé beaucoup de monde et suscité bien des commentaires (voir par exemple *L'AdN*, chapitre 9). Au risque de lasser le lecteur, nous allons pourtant y consacrer quelques lignes.

La première chose à souligner est qu'il ne s'agit pas d'un tour de passe-passe verbal, d'une astuce plus ou moins rigoureuse, d'une trouvaille philosophique, mais bien réellement d'un énoncé mathématique. Le théorème de Gödel s'ensuit d'un *calcul*, dont le résultat n'était pas donné *a priori* et a pu surprendre jusqu'à son auteur. Ce théorème exhibe certaines limites à nos capacités mathématiques de décision. Mais c'est strictement dans le cadre des mathématiques qu'il s'énonce et qu'il se démontre. C'est d'ailleurs ce qui en fait toute la légitimité : c'est une preuve rigoureuse qui établit la limite de ce qu'on peut établir avec une preuve rigoureuse.

Schématisons la démonstration de Gödel, en précisant bien que ce schéma fait l'impasse sur toute la formalisation, c'est-à-dire sur l'essentiel. On peut distinguer quatre étapes : dans la première, Gödel construit une numérotation qui permet de faire la liste de tous les énoncés de l'arithmétique. Imaginons un dictionnaire qui rassemble non seulement tous les mots, mais toutes les *phrases* de la langue française. Une phrase n'est rien d'autre qu'une suite finie de symboles extraits d'un alphabet fini. En utilisant l'ordre alphabétique ou un autre moyen algorithmique à notre convenance, nous pouvons attribuer d'une façon explicitement calculable un numéro unique à chaque phrase, en numérotant d'abord les phrases les plus courtes, par exemple. Ce dictionnaire est bien sûr virtuel, car infini : mais, si une phrase nous est donnée, nous pouvons calculer son numéro d'ordre. Il est assez clair que de ce point de vue l'arithmétique est du même niveau de complexité que la langue française.

Chaque énoncé de l'arithmétique établit une relation entre entiers : par exemple $2+3=5$ relie les entiers 2, 3 et 5. La deuxième étape de l'argument de Gödel consiste à utiliser le dictionnaire pour montrer que chaque énoncé de l'arithmétique est aussi un *méta-énoncé*, c'est-à-dire un énoncé sur les énoncés : ainsi, $2+3=5$, convenablement et rigoureusement traduit, établit une relation entre les énoncés numérotés 2, 3 et 5 du dictionnaire. Cette relation s'écrit en interprétant précisément les symboles qui figurent dans l'énoncé, dans notre exemple + et =. La question se pose alors de savoir quels méta-énoncés sont des énoncés de l'arithmétique : on peut penser que c'est sans doute le cas de « $10^3+9^3=1729$ contient un nombre impair de symboles », mais certainement pas de « $12^3+1^3=1729$ est une belle équation ».

La troisième étape, cruciale, établit qu'étant donné un énoncé $E$ de l'arithmétique le méta-énoncé « $E$ est démontrable » est lui-même un énoncé de l'arithmétique. Pour comprendre cela, il faut réaliser que la démontrabilité est susceptible de formalisation : une démonstration de $E$ est une *suite finie de symboles*, reliant les axiomes de la théorie à l'énoncé $E$ en suivant les règles usuelles de la déduction, parfaitement explicitées. Il est donc formellement simple de déterminer si une suite finie de symboles est bien la démonstration d'une assertion donnée. Pour reprendre l'analogie avec notre dictionnaire des phrases de la langue française, nous dirons qu'on peut décider simplement du caractère grammaticalement correct d'une phrase. Les règles de la grammaire suffisent à affirmer que « deviens ce que tu es » est acceptable, mais que « arrêter de considérer comme sacrilège celui qui dit une chose et voir si c'est la réalité » ne l'est pas.

Dans la quatrième et dernière étape, enfin, Gödel construit par une méthode de point fixe un énoncé *G* de l'arithmétique qui coïncide avec l'énoncé « *G* n'est pas démontrable ». Cet énoncé *G* n'est pas démontrable par construction, sa négation (*non G*) n'est pas démontrable non plus. En effet, (*non G*) signifie que *G* est démontrable, donc, si (*non G*) était démontrable, *G* le serait également, d'où contradiction. Gödel exhibe donc un énoncé de l'arithmétique qui est indécidable, c'est-à-dire que ni cet énoncé ni sa négation ne sont démontrables, pourvu bien sûr que l'arithmétique de Peano soit *consistante* (c'est-à-dire non contradictoire), comme nous l'avons supposé.

Les quatre paragraphes ci-dessus relèvent de la logique formelle, autrement dit de la manipulation de symboles auxquels il n'est pas indispensable d'attribuer un sens intuitif, et du calcul symbolique. Il s'agit donc de syntaxe et non de sémantique. De plus, le lecteur notera qu'à aucun moment nous n'avons parlé de *vrai* ou de *faux*. Nous suivons en cela l'exemple de Gödel. Mais nous ne pouvons pas éluder plus longtemps une question pressante : l'énoncé *G* est-il vrai ou faux ?

Nous allons répondre à cette question. Pour cela quelques précisions s'imposent. Un système d'axiomes écrits dans un langage formel donné (ici celui de l'arithmétique, avec le zéro, l'addition, la multiplication et l'application qui fait correspondre à chaque entier son successeur), et auquel s'appliquent les règles usuelles de la logique élémentaire déjà codifiées par Aristote, définit quels sont les énoncés démontrables et les énoncés réfutables, c'est-à-dire ceux dont la négation est démontrable. Le système d'axiomes n'est pas contradictoire si et seulement si aucun énoncé n'est à la fois démontrable et réfutable. Jusque-là, tout est formel, algorithmique et proprement machinal. Pour parler de vrai et de faux, nous devons *donner un sens* aux objets du langage formel et aux énoncés. Reprenons notre analogie avec la langue française : la phrase « ensemble, tout devient possible » est grammaticalement correcte. Cela ne dit rien du sens que cette phrase pourrait avoir, ni de sa valeur de vérité si l'on parvient effectivement à lui donner un sens.

Dans un cadre mathématique, ce passage de la formalité au sens consiste à considérer ce que les logiciens appellent un *modèle*. Il s'agit en effet de modélisation, à la direction près : le point de départ n'est pas un problème concret qu'on cherche à traduire en termes mathématiques, on part au contraire d'une abstraction pour découvrir quelles(s) réalité(s) elle modélise. Supposons donc que le système d'axiomes rende effectivement compte des propriétés du modèle, par exemple l'arithmétique de Peano de celles des entiers naturels que chacun – mathématicien ou non – utilise. C'est bien sûr ce qu'on leur demande, aux axiomes ! Sinon à quoi serviraient-ils ? Alors tous les énoncés démontrables seront vrais, et tous les énoncés réfutables, faux. Le modèle discriminera les énoncés entre vrais et faux, chacun sera soit vrai, soit faux, et aucun ne sera les deux à la fois. *La démontrabilité relève donc des axiomes, et la vérité, du modèle*. Que le lecteur se rassure : dans tout ce paragraphe, on ne s'intéresse qu'au modèle des entiers naturels, et les mots « vrai » et « faux » portent donc leur sens intuitif.

Prenons quelques exemples. L'énoncé « $2 + 2 = 4$ » est démontrable, de même que l'énoncé « tout nombre premier de la forme $4k + 1$ est la somme de deux carrés ». L'énoncé « il existe deux entiers non nuls $p$ et $q$ tels que $p^2 = 2q^2$ » est réfutable. L'énoncé « tout nombre pair est la somme de deux nombres premiers » est réfutable, démontrable ou indémontrablement vrai : nul ne sait à ce jour laquelle de ces trois éventualités est la bonne. L'énoncé « tout nombre premier pair supérieur à 4 est supérieur à 100 » est démontrable, puisque sa négation « il existe un nombre premier pair supérieur à 4 et inférieur à 100 » est réfutable. Cet énoncé démontrable est sans contenu, naturellement, mais néanmoins vrai comme tous les énoncés universels qui portent sur les éléments de l'ensemble vide. Rien de troublant là-dedans : après tout, la phrase « je ne prends qu'un engagement, c'est celui de les tenir tous » équivaut exactement à ne prendre aucun engagement et cela n'a pas troublé les électeurs en 2007. Étant donné un polynôme $P[x_1, x_2, ..., x_n]$ à coefficients entiers, l'énoncé « pour toutes les valeurs entières des variables $x_1, x_2, .... x_n$, on a $P[x_1, x_2, ..., x_n] \neq 0$ » est suivant le choix de $P$ réfutable, démontrable ou indémontrablement vrai. Julia Robinson et Yuri Matijasevic ont montré en 1970 qu'il existe des polynômes pour lesquels cet énoncé est effectivement indémontrablement vrai. Les exemples connus à ce jour sont assez lourds (typiquement, de degré 4, avec 58 variables), mais Julia Robinson a conjecturé qu'il en existe avec trois variables (voir *L'AdN*, chapitre 9).

Enfin, l'énoncé $G$ est vrai dans le modèle des entiers naturels, avec lesquels nous avons numéroté les lignes du dictionnaire de Gödel. En effet, puisqu'il énonce sa non-démontrabilité, s'il était faux il serait démontrable, donc vrai, contradiction. Voici maintenant la pointe du travail de Gödel. Notons $Consis(T)$ l'énoncé « l'arithmétique de Peano est consistante ». Alors $Consis(T)$ démontre que $G$ n'est pas démontrable, autrement dit $Consis(T)$ démontre $G$. Mais, comme $G$ n'est pas démontrable, il s'ensuit que $Consis(T)$ n'est pas démontrable non plus. Donc nous ne pouvons pas, à l'aide des seuls moyens arithmétiques, exclure l'existence d'une démonstration qui, partant des axiomes de Peano (voir *L'AdN*, appendice 5), établirait l'équation $0 = 1$.

Parvenu à ce point, le lecteur se demande peut-être si les mathématiciens du XX^e^ siècle n'ont pas perdu la boussole. Bien sûr que 0 est différent de 1 ! Oui, bien sûr, tout le monde est d'accord là-dessus, y compris les logiciens : l'énoncé $0 = 1$ est réfutable. Si on le démontre, c'est que l'arithmétique de Peano est contradictoire. Le théorème de Gödel signifie donc qu'*on ne peut pas démontrer à l'intérieur de l'arithmétique que l'arithmétique ne contient pas de contradiction*. C'est inattendu sans doute, et les contemporains de Gödel ont en effet été surpris : Hilbert lui-même n'a jamais véritablement accepté ce résultat qui allait à l'encontre de ses intuitions. Mais, bien qu'inattendu, le théorème de Gödel est non seulement vrai, mais *démontré*, et surtout il est riche de conséquences. Nous allons en voir quelques-unes.

Avant cela, le lecteur a bien mérité un instant de respiration. Proposons-lui une histoire yiddish, telle que rapportée par Elie Wiesel. Dans un *shtetl* d'autrefois, un jeune homme épuisé vient confier sa peine à son rabbin : il n'en peut plus et songe à en finir avec la vie. Le rabbin lui répond : mourir n'est pas une solution ! L'adolescent poursuit : « Bien, Rabbi, mais alors comment dois-je vivre ? » La réponse vient : « Vivre n'est pas une solution ! » Le jeune homme interloqué dit enfin : « Rabbi, je ne comprends pas, quelle est donc la solution ? » Et le rabbin de conclure : « Mais qui te dit qu'il y a une solution ? »

## *À quoi ça sert ?*

Les mathématiciens sont prudents : leur science leur a déjà réservé tant de surprises ! Mais tout progrès leur serait impossible sans un minimum de confiance dans la validité de leurs intuitions. En particulier, ils sont convaincus de la consistance de l'arithmétique formalisée par Peano et plus généralement de la théorie des ensembles usuelle ZFC, et, lorsqu'ils en ont besoin, ils utilisent celle-ci sans arrière-pensée. Comme l'a écrit Jacques Hadamard, l'absence de contradiction, si elle ne se démontre pas, se constate. Le théorème de Gödel n'a donc absolument pas freiné les progrès des mathématiques, pour lesquelles ces dernières décennies ont été un véritable âge d'or. Il faut ajouter d'ailleurs que la majorité des mathématiciens ont à l'égard des fondements de leur discipline une attitude comparable à celle des physiciens vis-à-vis des mathématiques : il est rassurant de savoir que des collègues rigoureux, voire pointilleux, ont mis tous leurs soins à s'assurer que le terrain n'était pas miné. Une saine attitude scientifique consiste alors à progresser librement en leur faisant confiance et en se contentant d'utiliser les techniques qu'ils ont consolidées. À chacun son métier. Nombre d'excellents chercheurs se soucient donc bien peu de la logique, à tel point qu'ils ne perçoivent pas toujours la portée de cette branche des mathématiques. À quoi tout cela sert-il, finalement ? Question légitime. Essayons d'y répondre.

Nous avons tous une certaine intuition des nombres entiers. Dans une société développée, chacun utilise au moins les plus petits d'entre eux (disons, jusqu'à la trentaine) et on se figure assez bien les quantités qu'ils désignent. Comme tout le monde, les mathématiciens ont construit leur intuition des entiers sur des opérations élémentaires, qui commencent avec le comptage digital : on a d'ailleurs constaté que les zones de l'encéphale qui sont sollicitées par le calcul sont proches de celles qui contrôlent le mouvement des doigts. Mais, ensuite, il faut approfondir cette intuition première, et s'assurer qu'on sait toujours bien de quoi on parle quand on a affaire à des entiers bien trop grands pour qu'on puisse les *manipuler*. Et pour cela il faut mettre au point une théorie axiomatique qui rende compte de leur comportement, tel que notre intuition et notre pratique du calcul nous le révèlent. L'objet de cette formalisation n'est donc pas d'améliorer notre intuition des entiers, mais de nous assurer que cette intuition rend bien compte de leurs propriétés.

Le bilan du XX^e^ siècle est, de ce point de vue, très positif, et confirme le bon fonctionnement de cette machine à extrapoler qu'est notre cerveau, du moins en ce qui concerne l'arithmétique. Une théorie a été créée qui justifie pratiquement toutes les opérations que les mathématiciens utilisent effectivement dans la pratique, et tout indique que cette théorie est libre de contradiction. Mais on sait aussi que cette absence de contradiction est impossible à démontrer. Et cette impossibilité porte une conséquence pratique très importante : *nous n'avons pas de moyen algorithmique d'exhiber une erreur dans un raisonnement qu'on sait erroné*. Expliquons cela par un exemple : l'impossibilité de construire à la règle et au compas un polygone régulier à 9 côtés est un théorème. Quelqu'un vous présente une construction très compliquée d'un tel polygone. Vous pouvez lui présenter une démonstration d'impossibilité. S'il n'est pas convaincu par votre démonstration, il peut vous mettre au défi de trouver une erreur dans sa construction. Eh bien, il n'y a pas d'algorithme qui, à partir de la démonstration d'impossibilité, va pointer l'erreur. Vous n'avez donc d'autre option que de lire l'argument et de trouver où ça cloche, ce que bien sûr vous ne ferez pas, ni aucun collègue, créant ainsi un génie incompris de plus qui ira clamant que les soi-disant professionnels n'ont même pas voulu prendre connaissance de ses travaux ! Et, plus généralement, une démonstration d'un énoncé *A* suffit à affirmer que toutes les démonstrations de (*non A*) sont fausses, mais sans vous donner le moyen de localiser les erreurs. Ce n'est pas qu'on n'a pas encore trouvé la bonne technique, c'est tout simplement dans la nature des choses. On ne peut pas.

Examinons la complexité de l'ensemble des énoncés démontrables. Nous pouvons numéroter toutes les démonstrations de l'arithmétique, par un procédé simple comparable à la numérotation de Gödel. Chaque démonstration se conclut en un énoncé démontrable, mais bien sûr différentes démonstrations vont donner un même énoncé : on dit alors que l'ensemble des énoncés démontrables est récursivement énumérable. Il n'y a pas d'algorithme utilisable pour choisir parmi celles-ci une démonstration privilégiée. De plus, un énoncé étant donné, il n'y a pas d'algorithme pour borner *a priori* la longueur d'un argument qui déciderait si cet énoncé est démontrable, réfutable ou indécidable. Un théorème arithmétique peut être formulé très simplement, alors que sa démonstration va nécessiter des arguments très longs, et cela est dans la nature des choses : *il n'y a aucun espoir pour que la forme de l'énoncé nous oriente mécaniquement vers une solution*. Cette propriété s'énonce rigoureusement à l'aide d'un théorème dû à Alfred Tarski (1902-1983) : l'ensemble des énoncés démontrables de l'arithmétique n'est pas récursif. Arbre de la connaissance se profilant sur un fond d'ignorance, il ne ressemble pas à son complémentaire.

Observons maintenant que l'argument de Gödel ne montre pas que l'arithmétique est contradictoire : son énoncé *G* coïncide avec « *G* est non démontrable » mais pas avec « *G* est faux », heureusement ! Il est pertinent de se demander ce qui empêche de pousser la méthode de Gödel jusqu'à l'obtention d'une contradiction. C'est la troisième étape du raisonnement qui bloque : la véracité d'un énoncé *E* ne se formalise pas comme sa démontrabilité. Autrement dit, le méta-énoncé « *E* est vrai » n'est pas un énoncé de l'arithmétique : comme l'a établi Tarski, le prédicat « vrai » ne peut pas appartenir au langage sur lequel il porte. La raison profonde en est que l'ensemble des énoncés vrais est d'une complexité qualitativement supérieure à l'ensemble des énoncés démontrables. Précisément, Tarski a montré que l'ensemble des énoncés vrais n'est pas récursivement énumérable : il n'existe pas d'algorithme qui en fasse la liste, même si on lui autorise des répétitions. Pour les lecteurs au tempérament algébriste, on peut encore exprimer une différence de nature qualitative comme suit : la vérité commute avec la négation, mais pas la démontrabilité. Ce n'est pas la même chose de dire « je ne suis pas certain que ce livre est bon » et « je suis certain que ce livre est mauvais ». Expliquons-nous plus formellement : (*non A*) est vrai si et seulement si *A* est faux. Évidemment. Mais il est inexact que (*non A*) est démontrable si et seulement si *A* n'est pas démontrable. En effet, n'importe quel énoncé indécidable *A* est un contre-exemple. Rapprochons ce troublant phénomène mathématique d'une constatation très pratique : *ce n'est pas parce qu'une affirmation est irréfutable qu'elle est vraie*. On vous assène quelque chose en vous mettant au défi de prouver le contraire. Si vous n'y parvenez pas, cela ne montrera nullement que ce quelque chose est vrai ! Au quotidien, nous en sommes tous convaincus. La nature a voulu qu'il en soit de même pour les énoncés mathématiques : par exemple, l'énoncé « l'arithmétique de Peano est contradictoire » est irréfutable. Mais aucun mathématicien ne croit qu'il est vrai.

Enfin, le théorème de Gödel énonce une propriété fondamentale des systèmes d'axiomes qui, modeste exigence, sont assez complexes pour parler des entiers. Considérons un tel système *S*, écrit dans un langage formel *L* : on peut toujours écrire dans *L* un énoncé qui ne sera pas décidable par *S*. Interprétons une phrase de *L* comme un code secret, qu'on casse en la démontrant ou en la réfutant. Le théorème de Gödel affirme alors qu'en matière de codage la défense sera toujours supérieure à l'attaque : *S* écrit dans *L* étant donné, on peut écrire dans *L* un code que *S* sera incapable de casser. De plus, ce code peut être obtenu à partir de *S* par un procédé algorithmique, issu de la démonstration du théorème. Autrement dit, *sitôt que le chiffreur dispose du mode d'emploi de la machine de déchiffrage, il est en mesure d'écrire un message que cette machine est incapable de déchiffrer*. Il est vraisemblable que cet aspect de l'indécidabilité suscitera un intérêt durable.

Exprimons en termes simples ce que les travaux des logiciens nous ont appris : nous ne connaîtrons jamais que des approximations de la vérité arithmétique. *La complexité de l'ensemble des entiers, muni de l'addition et de la multiplication, est effectivement infinie*. Il est d'ailleurs préférable de parler d'infini effectif plutôt que d'infini actuel, car l'espace où il se situe n'est ni temporel ni spatial, mais combinatoire tout comme celui où se déploie la Toile. Cet infini n'est pas troublant, il est utile. En effet, savoir coder et décoder l'information est aujourd'hui plus important que jamais. La connaissance de grands nombres premiers est devenue un enjeu stratégique, et les méthodes de factorisation des secrets d'État. Il ne fait aucun doute que nous puiserons encore et encore dans ce réservoir de complexité que sont les nombres entiers. Les logiciens, loin de nous inquiéter, nous rassurent : notre provision est inépuisable.

## *Retour vers le futur*

Plaçons-nous à présent dans une perspective historique pour mieux comprendre l'indécidabilité : la connaissance du passé nous aide à entrevoir ce que le futur pourrait être. Le premier exemple remonte à Euclide, et il a fasciné les géomètres pendant deux mille ans. Les *Éléments* d'Euclide font reposer la géométrie plane sur cinq axiomes appelés *postulats*, qu'on peut formuler ainsi : deux points déterminent un segment de droite et un seul, tout segment de droite se prolonge en un segment de droite plus grand, étant donné un centre et un rayon le cercle correspondant existe, tous les angles droits sont égaux, et enfin, par un point extérieur à une droite passe une droite parallèle et une seule. Le cinquième postulat est assez différent des autres : il affirme en effet l'existence de points d'intersection pour toutes les droites sauf une, sans qu'on dispose d'une méthode de construction. Or les mathématiciens grecs se souciaient beaucoup de la *pratique* de la géométrie et de son utilisation. Les quatre premiers postulats sont dérivés de l'usage des trois instruments de base : règle, compas, équerre, dont ils constituent une sorte de mode d'emploi. Le cinquième ne relève pas d'un usage instrumental. Les contemporains d'Euclide en étaient pleinement conscients, et Euclide a d'ailleurs retardé autant que possible son usage dans les *Éléments*. La question s'est donc posée très tôt de savoir si le cinquième postulat se déduisait des quatre autres. Il faudra attendre les premières années du XIXe siècle pour que Gauss – qui ne publiera pas ses résultats – puis Nikolai Lobatchevsky et Janos Bolyai y répondent négativement. Nous savons donc aujourd'hui qu'il y a essentiellement trois modèles de la géométrie plane (sans le cinquième postulat) : la géométrie euclidienne où il est satisfait, la géométrie riemannienne où d'un point extérieur à une droite on ne peut mener aucune parallèle et la géométrie hyperbolique où on peut en mener une infinité. Voici donc un exemple simple d'énoncé de géométrie euclidienne, vrai mais indémontrable sans le cinquième postulat : la somme des angles d'un triangle est égale à deux droits.

Voilà maintenant deux siècles que les géométries non euclidiennes ont été découvertes. C'est suffisant pour que cesse le débat sur leur validité ou leur pertinence, d'autant plus qu'Albert Einstein les a utilisées pour modéliser l'espace de la relativité générale. L'idée que le cinquième postulat, qu'on appelle communément le postulat d'Euclide, est indécidable à partir des quatre autres ne choque donc plus personne. C'est beaucoup plus récemment que l'indécidabilité a commencé d'aborder d'autres branches des mathématiques. Cela a commencé avec la théorie des ensembles et l'hypothèse du continu HC (voir *L'AdN*, chapitre 8), qu'on peut formuler ainsi : il n'existe pas d'ensemble ayant strictement plus d'éléments que l'ensemble des entiers naturels, et strictement moins d'éléments que la droite réelle. Gödel a montré en 1940 qu'on ne pouvait pas réfuter HC à partir des axiomes de la théorie usuelle (ZFC) des ensembles, et Paul Cohen a montré en 1963 qu'on ne pouvait pas non plus la démontrer. Elle est donc indécidable dans ZFC. La théorie des groupes n'est pas en reste : même pour les groupes de présentation finie (c'est-à-dire les groupes définis par un nombre fini de générateurs et de relations), le problème de l'équivalence des mots est indécidable en général. Il en va de même en topologie : la classification des variétés de dimension 4 à déformation près (à homéomorphisme près, en d'autres termes) est elle aussi indécidable. Il n'existe donc pas d'algorithme pour décider si deux mots définissent le même élément d'un groupe, ou si deux variétés de dimension 4 sont homéomorphes, et on se rend bien compte qu'avec ces énoncés on met le cap sur le cœur des mathématiques.

Que va-t-il se passer pour l'arithmétique ? Nous avons vu que l'énoncé $G$ de Gödel est indémontrablement vrai, mais il est essentiellement un instrument de travail, éloigné de la pratique des arithméticiens. Le lecteur est en droit de demander un exemple plus explicite. Voici donc les suites de Goodstein. Un entier $n$ étant donné, nous pouvons l'écrire en base 2, par exemple,

$$19 = 2^4 + 2^1 + 2^0$$

Son *écriture en base 2 itérée* consiste à transcrire également les exposants en base 2, et ainsi de suite jusqu'à éliminer tous les chiffres supérieurs ou égaux à 3. On écrit donc

$$19 = 2^{(2^2)} + 2^1 + 2^0$$

On définit de même, pour tout entier $b$, l'écriture en base $b$ itérée des entiers. La suite de Goodstein de premier terme $n$ est définie ainsi : on écrit $n = n_1$ en base 2 itérée, puis on change les 2 en 3 et on soustrait 1. On obtient alors un entier $n_2$, qu'on écrit en base 3 itérée. On change les 3 en 4 et on soustrait 1. Cela donne un entier $n_3$, qu'on écrit en base 4 itérée, on change les 4 en 5 et on soustrait 1. On continue ainsi aussi longtemps que les entiers obtenus sont non nuls. Par exemple, si le premier est $n_1 = 19$, le deuxième terme sera

$$n_2 = 3^{(3^3)} + 3^1 + 3^0 - 1 = 3^{(3^3)} + 3^1 = 7625597484990$$

et le troisième sera

$$n_3 = 4^{(4^4)} + 4^1 - 1 = 4^{(4^4)} + 3$$

dont l'ordre de grandeur est $1{,}3 \times 10^{154}$. Le théorème établi par Goodstein en 1944 énonce que, pour toute valeur $n$ du premier terme, la suite ainsi construite finira par s'annuler. C'est assez étonnant dans la mesure où les quelques calculs qu'on peut effectuer donnent plutôt l'impression que ces suites croissent rapidement vers l'infini... mais pourtant non. L'essentiel est la façon dont ce théorème se démontre. Goodstein l'a établi par une récurrence transfinie, donc au moyen de la considération effective d'un ensemble infini, dans la théorie des ensembles ZFC. Et on ne peut pas faire mieux ! Car Kirby et Paris ont montré en 1982 que le théorème de Goodstein n'était pas démontrable dans l'arithmétique de Peano. C'est donc un énoncé indémontrablement vrai, comme *G*, et explicite puisqu'on vient de décrire entièrement la façon dont chaque suite de Goodstein est construite.

Le lecteur a le droit de penser que ça lui est indifférent de savoir si un énoncé arithmétique donné se démontre dans Peano, ou dans ZFC, ou dans ZFC + HC... En effet, dès lors que cet énoncé est démontré dans une théorie quelconque, on sait qu'il est vrai – si, bien sûr, cette théorie est non contradictoire. Tout le monde pense que c'est le cas de ZFC, et donc personne ne met en doute la validité du théorème de Goodstein. Mais il demeure important de savoir que cet énoncé bien concret ne peut pas se démontrer à partir des axiomes de Peano. Si nous faisons de ces axiomes les premières lignes d'un mode d'emploi d'une *machine de Turing*, comme les quatre postulats d'Euclide étaient celui des instruments de la géométrie, nous voyons que le théorème de Goodstein n'est pas susceptible d'un traitement algorithmique. Dès lors, pourquoi n'en serait-il pas de même pour certains des énoncés naturels que les arithméticiens cherchent passionnément à démontrer ? Et pourquoi, d'ailleurs, ces énoncés seraient-ils décidables dans ZFC ?

La réponse toute bête est qu'on ne voit pas de bonne raison pour qu'ils le soient. Prenons un exemple. On ne sait pas s'il existe une infinité de paires de nombres premiers « jumeaux » (c'est-à-dire dont la différence est 2) comme 11 et 13, ou 17 et 19. Il se pourrait qu'aucune démonstration ne relie une liste d'axiomes comme ceux de ZFC, qui sont assez simples pour que nous ayons la plus grande confiance en leur cohérence, à cette affirmation ou à sa négation. *Quand les mathématiciens déclarent-ils qu'un théorème est démontré, finalement ?* Quand ils ont été capables d'expliciter une chaîne finie d'arguments, c'est-à-dire un chemin logique qui part d'axiomes si évidents qu'ils imposent un consensus, qui aboutit à ce théorème. Ajouter des axiomes facilite le travail, évidemment, mais la prudence s'impose car, si un système d'axiomes est contradictoire, on peut tout y démontrer ! Dans le cas des nombres premiers jumeaux, on n'entrevoit d'ailleurs pas quelle « évidence » adjoindre aux axiomes de Peano ou à ZFC qui pourrait nous approcher d'une solution. L'existence d'une infinité d'entre eux pourrait donc être indécidable, et échapper à nos capacités de discernement. Il y a, ou il n'y a pas, une infinité de nombres premiers jumeaux. Aucun doute là-dessus. Mais pourquoi serions-nous capables de décider laquelle des deux branches de cette alternative est la bonne ? Krishnamurti (1895-1986) a écrit : « La vérité est un pays sans chemins. » Peut-être. Mais pas la démontrabilité, qui ne se soucie que de ces chemins que sont les démonstrations !

Évoquons un deuxième exemple, de la plus haute importance. L'hypothèse de Riemann est considérée par bien des chercheurs comme le problème ouvert le plus important des mathématiques. Pour la formuler, rappelons que l'on note $\pi(n)$ le nombre des nombres premiers inférieurs à l'entier $n$. La distribution des nombres premiers parmi les entiers est décrite par l'allure de la fonction $\pi(n)$ lorsque $n$ tend vers l'infini : il y a bien sûr quelques irrégularités locales, par exemple des intervalles arbitrairement longs sans nombre premier, mais on peut penser que des phénomènes de compensation induisent un comportement asymptotiquement régulier de la fonction $\pi(n)$. Cette conviction a été confortée par la démonstration, obtenue indépendamment en 1896 par Charles de La Vallée Poussin et Jacques Hadamard, du théorème des nombres premiers. Ce théorème, conjecturé par Gauss, énonce que la fonction $\pi(n)$ est équivalente à la fonction « logarithme intégral », c'est-à-dire :

$$\pi(n) \simeq Li(n) = \int_2^n \frac{dt}{\log(t)} \simeq \frac{n}{\log(n)}.$$

Magnifique résultat, mais qui n'est qu'un premier pas : sitôt qu'il est démontré, la question se pose de savoir de quel ordre est la différence

$$\pi(n) - Li(n).$$

Vous ne voudriez quand même pas que les mathématiciens se contentent du premier terme d'un développement limité ! L'hypothèse de Riemann affirme qu'il existe une constante $C$ telle que

$$|\pi(n) - Li(n)| \leq Cn^{1/2} \log(n).$$

Formulée voici cent soixante ans, cette hypothèse a défié jusqu'à aujourd'hui toutes les tentatives de démonstration. La formulation ci-dessus la fait apparaître comme un problème de théorie des nombres, mais ne suffit pas à exprimer toute sa richesse. L'hypothèse de Riemann est en effet équivalente à un problème d'analyse complexe sur le lieu des zéros de la fonction $\zeta$, mais aussi à l'existence de certains opérateurs hermitiens non bornés sur l'espace de Hilbert. Elle est aussi un problème d'analyse de Fourier, elle s'exprime encore par la géométrie algébrique ou par les systèmes dynamiques chaotiques, et rencontre la physique *via* la distribution des niveaux d'énergie des noyaux fortement excités et le bruit oscillant (*flicker noise*) dans un récepteur de communications. Comme l'écrit Yuri Manin : « Les idées les plus profondes de la théorie des nombres présentent une ressemblance considérable avec celles de la physique théorique moderne. Comme la mécanique quantique, la théorie des nombres fournit des modèles de relations entre le discret et le continu, et met en valeur le rôle des symétries cachées. On souhaiterait espérer que cette ressemblance ne soit pas fortuite, et que nous soyons en train d'apprendre de nouveaux mots sur le monde dans lequel nous vivons, dont nous ne comprenons pas encore le sens. » L'hypothèse de Riemann est ainsi une montagne aux multiples faces qui, dans l'état actuel de nos connaissances, se terminent toutes par un mur lisse. Il convient d'ailleurs d'avertir le lecteur qu'elle fascine plus que de raison ! Des « démonstrations » ou « réfutations » diverses garnissent donc les bibliothèques, produites par des auteurs d'autant plus péremptoires qu'ils sont farfelus. Prudence, donc.

La majorité des spécialistes de l'hypothèse de Riemann pensent qu'elle est vraie. De plus, l'idée qu'elle puisse être indémontrablement vraie leur semble hérétique, entre autres parce que cette hypothèse apparaît comme un problème de « petite dimension » et que l'expérience suggère que les phénomènes indécidables ne se manifestent qu'en dimension suffisamment grande. Imaginons donc qu'elle soit démontrée et que le développement de $\pi(n)$ à l'ordre 2 s'écrive

$$\pi(n) = Li(n) + a(n)n^{1/2}\log(n) + \epsilon(n)$$

où $a(n) \in [\alpha, \beta]$ avec $0 < \alpha < \beta < \infty$ et $\epsilon(n)$ est négligeable devant $n^{1/2}\log(n)$. La question se poserait alors immédiatement d'estimer la magnitude du terme $\epsilon(n)$, d'autant plus que la démonstration de l'hypothèse suggérerait peut-être l'expression de l'ordre de grandeur suivant. Et ainsi de suite... mais jusqu'où ? Passer d'un terme au suivant augmente la finesse des estimations, et augmente le degré – ou la dimension – du problème. Il faut avoir une confiance extrême en la simplicité des mathématiques pour penser que tous les termes de ce développement asymptotique nous sont accessibles. Je n'ai aucune compétence pour conjecturer que l'indécidable apparaît au cinquante-huitième terme, au troisième ou bien dès le deuxième, c'est-à-dire dès l'hypothèse de Riemann. Mais, si la nature a voulu qu'elle soit indémontrablement vraie, nous n'y pouvons rien, d'autant plus que dans ce cas il y a toutes les raisons de penser que l'énoncé « l'hypothèse de Riemann est indémontrablement vraie » serait lui-même indémontrablement vrai et ainsi de suite à l'infini ! Il est donc raisonnable de douter de nos capacités à prolonger indéfiniment le développement asymptotique de $\pi(n)$.

Que faire alors ? Continuer à travailler, le plus efficacement possible. La détermination du premier terme de $\pi(n)$ a pris le siècle qui sépare le jeune Gauss d'Hadamard et de La Vallée Poussin. Le deuxième terme est sur le tapis depuis cent soixante ans, et personne ne sait s'il sera obtenu au XXIe siècle, ni même s'il sera obtenu un jour. Mais les théoriciens des nombres ne passent pas leur vie scientifique dans l'attente de cet événement sensationnel, et dès à présent de nombreux articles de recherche établissent des *théorèmes conditionnels* du type : si l'hypothèse de Riemann est vraie, alors... C'est risqué, puisque, si elle est finalement fausse, le théorème ne vaut plus rien, hormis bien sûr si c'est en développant les conséquences de ce « théorème » qu'on a trouvé une contradiction, auquel cas son auteur est promis à la célébrité ! Mais risque ou non, les théorèmes conditionnels sont devenus monnaie courante chez les arithméticiens, et il est permis de croire qu'il s'agit d'une évolution profonde, qui nous conduit à accepter comme « axiomes », jusqu'à nouvel ordre, des énoncés qui n'ont rien d'immédiat.

Cette tendance, si elle se confirme, peut conduire à une *ramification* des mathématiques. Celle-ci est déjà effective en théorie des ensembles, où les chercheurs développent les conséquences de l'hypothèse du continu, ou de sa négation, ou de sa négation flanquée de l'axiome de Martin, et ainsi de suite. Cela dure depuis une cinquantaine d'années, et les théoriciens des ensembles sont désormais habitués à évoluer dans différents modèles de ZFC sans avoir de moyen véritablement convaincant de privilégier l'un d'entre eux, puisque l'intuition qu'on peut avoir de la taille effective du continu (c'est-à-dire du nombre de points sur la droite réelle) est assez variable d'une personne à l'autre. Dans l'état actuel de la science, le statut de l'arithmétique est différent puisque les entiers intuitifs, les « vrais » entiers, sont le modèle privilégié par tous. Il demeure que l'indécidable y est présent, et que l'éventualité d'une *arithmétique ramifiée* se présente à nous, où des chercheurs exploreraient les conséquences d'une hypothèse $H$, cependant que d'autres développeraient celles de (*non* $H$), chacun étant conscient du travail des autres et tous *espérant* rencontrer une contradiction qui effacerait d'un coup toute une branche et déciderait entre $H$ et sa négation. Si $H$ est indécidable, cette contradiction n'apparaîtra jamais, et les mathématiciens seront donc conduits à développer ces deux branches, ou à privilégier l'une d'entre elles pour des raisons informelles : l'intuition qu'ils en ont, son utilité, son adéquation à la description de phénomènes naturels, sa cohérence interne, sa simplicité ou sa beauté. C'est un pari de Pascal d'un genre nouveau. Mais, en mathématiques comme ailleurs, l'esprit de finesse se doit de prendre le relais si l'esprit de géométrie met l'arme au pied.

Nous devons savoir, nous saurons, disait Hilbert. Il avait raison, mais cependant il faut compléter sa phrase en ajoutant que nous saurons ce que nous sommes en mesure de savoir. Car nous savons désormais que nous ne saurons pas tout. Un peu d'humilité donc, comme nous y invite le Chant de la création des Veda, où le lecteur trouvera une paix bien méritée après cette lecture exigeante : « Il n'y avait pas, alors, ce qui est et ce qui n'est pas. Il n'y avait pas de ciel, et pas de firmament au-delà du ciel. Quelle énergie y avait-il ? Où ? Qui était cette énergie ? Y avait-il un abîme d'eaux insondables ? Il n'y avait alors ni mort ni immortalité. Il n'y avait pas de signes de jour ou de nuit. Le UN respirait de sa propre énergie, en paix profonde. Seul le UN était : il n'y avait rien au-delà. L'obscurité était cachée en obscurité.

Tout était fluide et sans forme. Là, dans le vide, le feu de la ferveur éveilla le UN. Et dans le UN s'éveilla l'amour. L'amour, la première graine d'âme. Les savants ont trouvé cette vérité dans leur cœur. En cherchant dans leur cœur avec sagesse, les savants ont trouvé ce lien d'union entre être et non-être. Qui sait en vérité ? Qui peut nous dire pourquoi et comment l'univers s'est installé ? Les dieux sont venus après son commencement. Qui sait donc d'où vient cette création ? Seulement le dieu qui voit au plus haut du firmament. Lui seul sait d'où vient cet univers, et s'il a été créé ou incréé. Lui seul sait, ou peut-être il ne sait pas. »

CHAPITRE V

# LE BON USAGE DU TROISIÈME DEGRÉ

Le degré 2 est maintenant bien connu. Nous pouvons calculer les valeurs approchées des racines carrées, les coniques n'ont plus de secrets pour nous, et cela fait plus de mille ans que nous savons résoudre les équations du deuxième degré. Plus profondément, l'arithmétique des formes quadratiques est élucidée, et même en analyse les équations différentielles (ou aux dérivées partielles) du deuxième ordre sont pour l'essentiel comprises. Mais les chercheurs n'ont pas pour vocation de ressasser leurs succès. Que sait-on du degré 3 ?

Cette question s'est posée voici plus de vingt-trois siècles. La tradition rapporte en effet qu'un oracle avait annoncé que le volume de l'autel cubique d'Appolon à Délos devait être doublé, ce qui nécessitait bien sûr le calcul de la racine cubique de 2. Quelle que soit l'historicité de ce récit (qu'on imagine destiné au grand public ou aux sponsors de ce temps ?), les scientifiques grecs avaient des raisons parfaitement objectives de s'intéresser aux racines cubiques. Nous allons voir lesquelles.

## *La guerre de Troie et le degré trois*

L'*Illiade* raconte dix ans de luttes, conclus par une ruse invraisemblable. Sans prétendre faire de ce long poème un récit historique, on peut considérer qu'il décrit le combat tel qu'il était pratiqué dans la Grèce archaïque, avant que les machines de guerre n'entrent véritablement en action. Les soldats combattent épaule contre épaule, la force musculaire et la vaillance personnelle jouent un rôle central. Et, en l'absence d'engins efficaces, les défenseurs de Troie ont un avantage écrasant. Un siège interminable est donc parfaitement dans l'ordre des choses. Mais le progrès va changer tout cela.

Les Grecs de l'époque classique dominent les mathématiques, et donc la technologie, de leur temps. Avides de gloire, leurs princes comprennent que la science peut transformer l'art de la guerre, et leur donner l'avantage décisif. Ils suivent en cela les conseils de Platon, qui écrit dans le Livre 7 de *La République* : « Il conviendrait donc, Glaucon, de prescrire cette étude par une loi, et de persuader ceux qui doivent remplir les plus hautes fonctions publiques de se livrer à la science du calcul, non pas superficiellement, mais jusqu'à ce qu'ils arrivent, par la pure intelligence, à connaître la nature des nombres, et de cultiver cette science non pas pour la faire servir aux marchands, mais pour l'appliquer à la guerre, et pour faciliter la conversion de l'âme du monde de la génération vers la vérité et l'essence. » Philippe de Macédoine a reçu le message et s'entoure des meilleurs ingénieurs : Polyéidos, Diadès, Charias. Le précepteur de son fils Alexandre s'appelle Aristote. L'armée macédonienne s'arme de béliers, de catapultes, et des versions réalistes du cheval de Troie : les tours de siège mobiles. Les cités grecques fortifiées succombent l'une après l'autre devant cet équipement lourd et passent sous le contrôle d'Alexandre, qui réunit bientôt les forces suffisantes pour faire tomber Babylone la Grande en 311 av. J.-C., avant d'y laisser la vie. Aristote, témoin et acteur de ce temps de conquêtes et de fondations de villes nouvelles, recommande justement dans sa *Politique* la construction et l'entretien de murs assez puissants pour résister en cette époque « où les catapultes et autres machines de siège ont atteint un si haut degré de précision ».

Au temps d'Alexandre tout comme aujourd'hui, les militaires ne sont pas des bravaches sans cervelle mais des professionnels dont l'objectif est d'être efficaces. Les triomphes macédoniens font donc réfléchir beaucoup de monde, suffisamment du moins pour que des traités techniquement précis nous soient parvenus. Nous savons que Ptolémée II réunit en Égypte, vers 270 av. J.-C., une équipe d'ingénieurs grecs qui travaillent à la mise au point de catapultes. D'après Philon, les expériences menées à Alexandrie et à Rhodes, dont l'arsenal est alors à la pointe de la recherche, furent « très fortement subventionnées, parce que ces régions avaient des rois ambitieux qui encourageaient l'habileté technique ». Le lanceur de pierres posait un problème particulièrement ardu où intervenait trois données cruciales : la portée, la précision, le poids du projectile.

La solution de ce vénérable problème d'optimisation, sans doute obtenue par l'équipe de Ptolémée II de manière expérimentale, est la suivante : le diamètre optimal du faisceau de cordes élastiques, exprimé en dactyles (environ 19,8 millimètres), est égal à 1,1 fois la racine cubique du centuple du poids du projectile exprimé en mines (environ 437 grammes). Cette formule peut d'ailleurs être confirmée à l'aide de la théorie moderne de l'élasticité. Beau résultat, mais qui n'est utile que si l'on sait calculer les racines cubiques. L'algorithme de Héron d'Alexandrie (qui remonte en fait aux Mésopotamiens) marche parfaitement bien pour les racines carrées mais ne dit rien des racines cubiques. De même, l'antiphérèse fournit un développement périodique pour les racines carrées mais pour elles seulement, et jusqu'à aujourd'hui on ne sait pas si le développement en fraction continue de la racine cubique de 2, par exemple, produit une suite bornée de quotients ($q_i$). Il faut donc des idées nouvelles, et les Grecs en ont proposé quelques-unes : intersections de coniques, utilisation d'une courbe cubique appelée cissoïde de Dioclès, et surtout un procédé mécanique constitué de deux équerres coulissantes qui permettait une mesure assez précise. C'est la méthode utilisée par Ératosthène, qui énonce d'ailleurs explicitement que la construction des catapultes est sa principale motivation pour le problème de la racine cubique.

Ératosthène est le contemporain et le correspondant d'Archimède, à qui l'on doit la plus grande catapulte dont il soit fait mention, capable de lancer des pierres de trois talents, soit 78 kilogrammes. Le souvenir des machines qu'il a conçues pour défendre Syracuse, finalement tombée aux mains des Romains en 212 av. J.-C., a traversé les siècles. Mais un meurtre imbécile a privé le général Marcellus d'une chance de l'inviter à se mettre au service de la nouvelle grande puissance. C'était pourtant de bonne politique : vingt-deux siècles plus tard, les vainqueurs de 1945 n'ont pas posé trop de questions gênantes à Werner von Braun, qui suscite pourtant moins de sympathie que le Syracusain.

Au passage, on peut s'étonner que les Romains n'aient pas utilisé les longs siècles de leur domination pour accentuer leur avantage technologique. L'une des raisons en est peut-être que leurs adversaires n'étaient pas, scientifiquement parlant, à la hauteur : au siège d'Avaricum (Bourges), Jules César se félicitera de l'efficacité de ses catapultes face à des Gaulois technologiquement dépassés. Potion magique ou non, il ne resterait pas grand-chose du village gaulois si l'armée romaine se décidait à bombarder. Il faudra donc attendre le XVI^e^ siècle pour que le niveau de sophistication des arsenaux grecs soit rattrapé, tout comme celui de leurs mathématiques. Nous avons à présent fait mieux qu'eux – ou pire, c'est selon. Il est d'ailleurs piquant de relever que les fonctions elliptiques, produits récents du monde cubique que nous découvrirons ci-dessous, ont été utilisées au XX^e^ siècle pour calculer les trajectoires des terrifiants projectiles modernes : les missiles balistiques. Sur ce point et ce point seulement, von Braun rencontre Archimède.

Comprenons donc que les Anciens n'étaient pas nécessairement désintéressés quand ils se sont mesurés au troisième degré. Nous allons poursuivre leur effort. Et, dans ce but, refaire une petite excursion dans l'univers quadratique.

## *L'essai sur les coniques*

Nous avons vu (voir « Du cercle aux triangles ») que l'étude des triplets pythagoriciens revient à celle du sous-groupe du cercle unité constitué des points à coordonnées rationnelles. Cela n'étonnera personne que le cercle soit un groupe : il s'agit simplement des rotations, qu'on peut composer et inverser. Mais que se passe-t-il si l'on remplace le cercle par une ellipse ou par une hyperbole ? C'est moins évident : avec une bicyclette à roues elliptiques, on ne va pas bien loin... Nous allons pourtant voir que toute conique (non dégénérée, c'est-à-dire qui n'est pas une paire de droites) est un groupe, comme le cercle. Ce résultat relève de la *géométrie projective*. On regroupe sous ce vocable les techniques qui reposent sur la définition même des coniques : considérons-les en effet comme les intersections d'un cône avec un plan, et nous pourrons utiliser l'application d'alignement avec le sommet du cône entre la base circulaire et une conique quelconque pour nous ramener aux propriétés du cercle, bien plus faciles à établir (voir figure 7). Nous suivons ainsi le principe général qui place le cercle au cœur de la géométrie. Cette belle idée trouve son origine dans le *Brouillon project d'une atteinte aux événements des rencontres d'un cône avec un plan* publié par le Lyonnais Girard Desargues en 1639, qui n'était connu qu'au travers de copies jusqu'à ce qu'un unique exemplaire en soit retrouvé en 1951. Dans ce travail, Desargues recycle judicieusement les propriétés de la perspective que les peintres de la Renaissance avaient explorées, en exploitant toute leur portée mathématique : la perspective change l'aspect des figures ; ainsi, le cercle devient ellipse, mais une conique reste une conique, et de plus les intersections et les alignements sont respectés. Blaise Pascal avait seize ans en 1639, il a lu l'ouvrage novateur de Desargues et l'a immédiatement compris. Il en est résulté une œuvre aujourd'hui perdue, son *essai sur les coniques* que nous ne connaissons que par l'analyse qu'en a donnée Leibniz. Il en subsiste un théorème important : si on considère un hexagone inscrit dans une conique, les trois points d'intersection des paires de côtés opposés sont alignés (voir figure 8). Plus tard, la géométrie projective sera formalisée par Poncelet (1788-1867) avant de devenir de nos jours le cadre naturel de la géométrie algébrique.

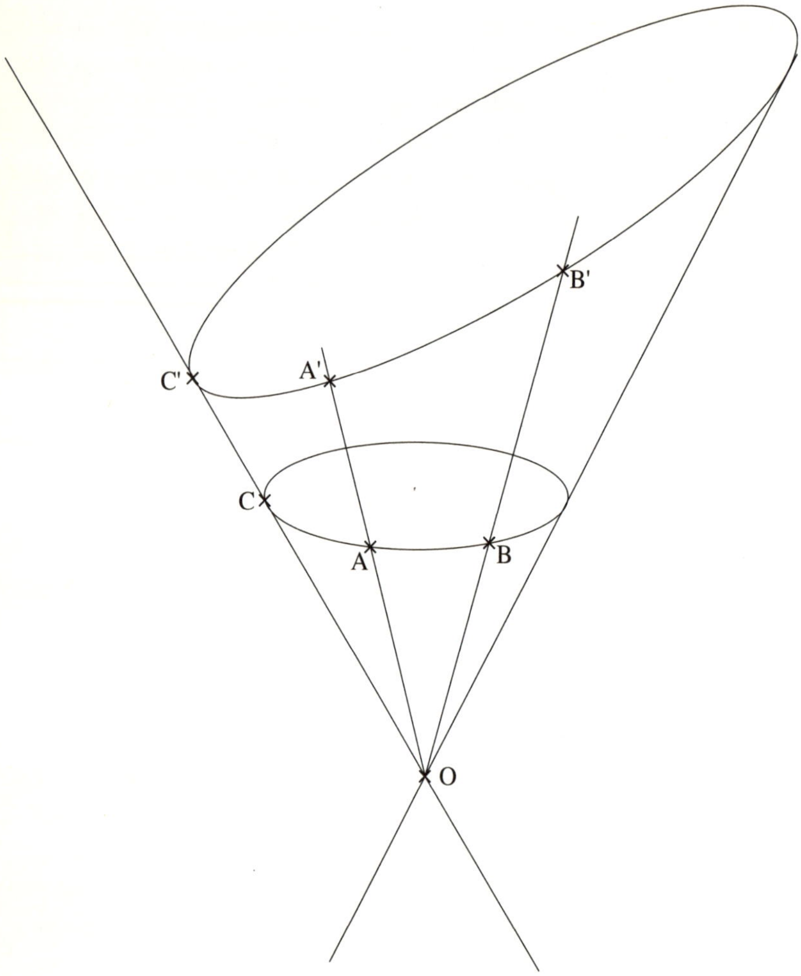


Figure 7
L'application projective entre un cercle et une conique

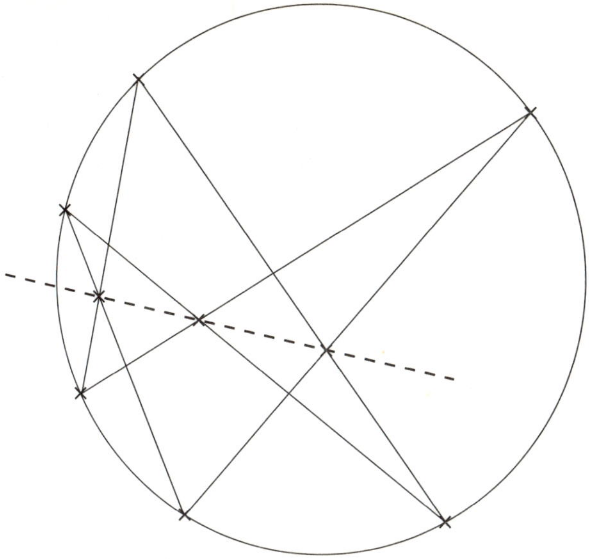

Figure 8
L'hexagone de Pascal, dans le cas du cercle

Pour utiliser les idées projectives, remarquons que la loi de groupe sur un cercle ($C$) donnée par les rotations peut aussi être définie très simplement en termes de parallélisme : on se fixe un point $E$ du cercle, qui sera l'élément neutre, le « zéro » en d'autres termes. Alors la somme de deux points $A$ et $B$ du cercle ($C$) est l'intersection de ($C$) avec la parallèle à la droite ($AB$) passant par $E$. C'est la bonne définition : si l'on remplace le mot cercle par le mot « conique », ça marche tout aussi bien, et nous venons de définir une loi de groupe commutatif sur toute conique ! Le cas de l'hyperbole est présenté dans la figure 9. Le lecteur qui voudra s'exercer à vérifier les propriétés de groupe notera que le seul point délicat est l'associativité, qui résulte directement du théorème de Pascal sur l'hexagone inscrit.

C'est joli, si on aime la géométrie, mais à quoi ça sert ? Nous allons voir que c'est une voie d'accès à la propriété analogue sur les courbes de degré 3, bien plus complexes, et dont la complexité fait d'ailleurs l'utilité ! Mais, avant cela, restons encore un instant dans l'univers quadratique. Comme nous l'avons fait avec le cercle pour les triplets pythagoriciens, nous allons utiliser l'hyperbole pour étudier de nouvelles équations diophantiennes.

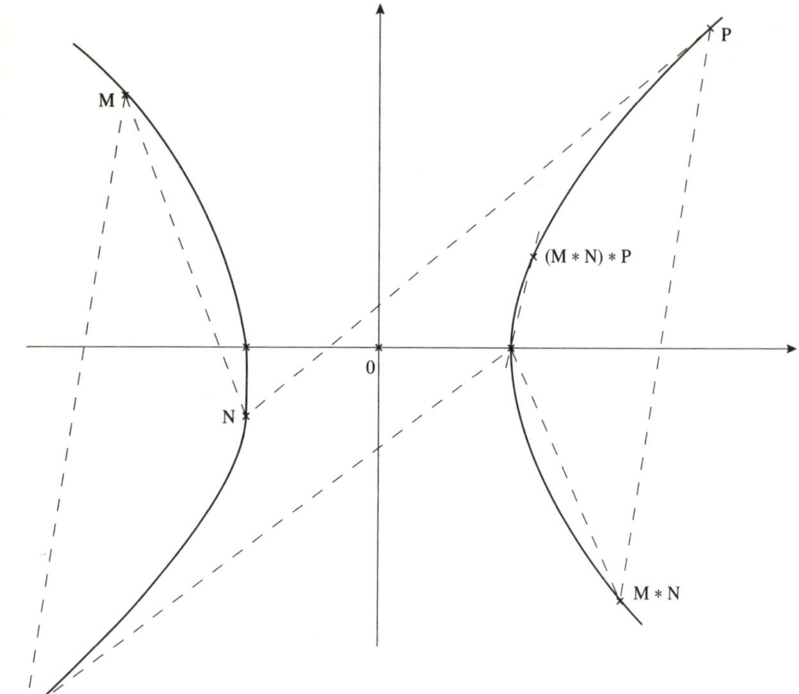


Figure 9
La loi de groupe sur l'hyperbole.
Les segments [M, N ∗ P] et [P, M ∗ N] sont parallèles,
donc (M ∗ N) ∗ P = M ∗ (N ∗ P)

## *Les équations de Pell-Fermat*

On appelle équation de Pell-Fermat toute équation de la forme

$$x^2 - ny^2 = 1$$

où $n$ est un entier plus grand que 1 sans facteur carré, dont on cherche les couples de solutions $(x, y)$ en nombres entiers. Cela revient bien sûr à chercher les points à coordonnées entières sur l'hyperbole dont l'équation vient d'être donnée. La terminologie est comme souvent trompeuse, puisque l'étude de cette classe d'équations remonte au moins à Brahmagupta (598-668), et que, si Pierre de Fermat (1601-1665) y a en effet contribué mille ans plus tard, John Pell s'est contenté de traduire un livre où figurait l'une de ces équations. Mais qu'importe, respectons l'usage.

L'intérêt moderne de cette équation est qu'elle marque un carrefour. Notons d'abord qu'on peut la factoriser en

$$(x + y\sqrt{n})(x - y\sqrt{n}) = 1$$

et que sous cette forme sa résolution revient à chercher les éléments inversibles de l'anneau $\mathbf{Z}[\sqrt{n}]$, ou plus précisément les éléments de norme égale à 1, où l'on appelle « norme » le produit d'un élément de $\mathbf{Z}[\sqrt{n}]$ avec son conjugué. Un résultat important de théorie algébrique des nombres, le théorème des unités de Dirichlet, se situe dans le prolongement de cette remarque, mais il nous entraînerait trop loin. Contentons-nous de remarquer que la norme du produit de deux éléments de $\mathbf{Z}[\sqrt{n}]$ est le produit de leurs normes. C'est l'identité de Brahmagupta

$$(a_1^2 - nb_1^2)(a_2^2 - nb_2^2) = (a_1a_2 + nb_1b_2)^2 - n(a_1b_2 + b_1a_2)^2$$

qui nous permet de composer deux solutions de l'équation de Pell-Fermat pour en obtenir une troisième. On travaille ici dans l'anneau $\mathbf{Z}[\sqrt{n}]$. Mais cette approche algébrique n'est que de la géométrie déguisée. En effet, un petit calcul établit que les points à coordonnées entières de l'hyperbole d'équation $x^2 - ny^2 = 1$ forment un sous-groupe pour la loi de groupe d'élément neutre, le point (1,0) sur l'hyperbole, qu'on a définie géométriquement ci-dessus. Plus précisément, on montre que les points à coordonnées entières dont la première coordonnée $x$ est positive forment un sous-groupe isomorphe à $\mathbf{Z}$, et donc toutes les solutions sont obtenues à partir d'une solution primitive, en calculant ses puissances successives *via* la géométrie, ou de façon équivalente mais plus pratique par l'identité de Brahmagupta.

Commençons par l'exemple simple où $n = 2$. On devine que la solution primitive de l'équation $x^2 - 2y^2 = 1$ est le couple (3,2). Son carré est le couple (17,12) puisque $(3 + 2\sqrt{2})^2 = 17 + 12\sqrt{2}$. Les puissances successives sont (99,70), (577,408), (3 363, 2 378), et ainsi de suite. Pour $n$ arbitraire, les solutions de l'équation de Pell-Fermat sont obtenues à l'aide du développement en fraction continue de $\sqrt{n}$. Précisément, elles sont les numérateurs et dénominateurs de réduites par excès obtenues en poursuivant ce développement (voir « L'antiphérèse »). La solution primitive s'obtient à partir des premières périodes. Ainsi, le développement de $\sqrt{2}$ est [1, 2, 2, 2, ...], et donc la solution primitive provient de $1 + \frac{1}{2} = \frac{3}{2}$. Mais, si par exemple $n = 29$, la solution primitive obtenue en développant $\sqrt{29}$ est (9 801, 1 820), bien difficile à deviner. Et, si $n = 313$, c'est (32 188 120 829 134 849, 1 819 380 158 564 160), comme le savait déjà William Brouckner, contemporain de Fermat.

Les solutions des équations de Pell-Fermat illustrent donc à merveille l'unité des mathématiques, puisqu'on peut les voir comme des objets algébriques (éléments inversibles de l'anneau des entiers d'un corps quadratique), géométriques (points à coordonnées entières d'une hyperbole) et analytiques (réduites du développement en fraction continue des racines de nombres entiers). Notons pour la suite que notre approche établit que l'ensemble des points à coordonnées entières d'une hyperbole (dans notre exemple, d'équation $x^2 - ny^2 = 1$) est muni d'une structure très forte : c'est un sous-groupe de l'hyperbole munie de sa loi naturelle. Nous allons voir qu'une propriété analogue est satisfaite par les courbes de degré 3 qu'on appelle les courbes elliptiques, et aborder l'usage qu'on peut faire de cette propriété pour construire des codes secrets à clé publique.

Mais, avant cela, appuyons-nous encore un instant sur l'analyse : si $a^2 - nb^2 = 1$, on a

$$|\frac{a}{b} - \sqrt{n}| < \frac{1}{2b^2}$$

et donc l'existence d'une infinité de solutions à l'équation de Pell-Fermat implique l'approximation de $\sqrt{n}$ par des rationnels $\frac{a}{b}$ avec une erreur de l'ordre de $\frac{1}{b^2}$. Dirichlet a montré par un argument simple et astucieux qu'une telle approximation est possible pour tout nombre réel. Mais il en va tout autrement si on souhaite contrôler l'erreur par $\frac{1}{b^3}$ : un petit calcul montre que l'ensemble des réels pour lesquels c'est possible est de mesure de Lebesgue nulle ! Et, plus profondément, un théorème de Roth montre qu'une telle approximation est impossible pour tout nombre algébrique irrationnel. On en déduit par retour du courrier un principe général important : *les équations diophantiennes de degré 2 ont souvent une infinité de solutions, mais les équations de degré supérieur ou égal à 3 n'en ont en général qu'un nombre fini.*

Illustrons ce principe au moyen de la « conjecture abc », formulée en 1985 par David Masser et Joseph Oesterlé. Rappelons qu'étant donné un entier $n$ le radical $Rad(n)$ de cet entier est le produit des nombres premiers qui apparaissent dans sa factorisation : si par exemple $n = 180 = 2^2 \times 3^2 \times 5$, on a $Rad(180) = 2 \times 3 \times 5 = 30$. La conjecture abc s'énonce ainsi : pour tout $\epsilon > 0$, il n'existe qu'un nombre fini d'entiers $(a,b,c)$ premiers entre eux tels que $a + b = c$ et $c > (Rad(abc))^{1+\epsilon}$. Un instant de réflexion convaincra le lecteur que cette conjecture signifie que la relation $a + b = c$ avec trois nombres entiers $(a, b, c)$ premiers entre eux mais divisibles par des puissances élevées de nombres premiers n'a lieu qu'exceptionnellement. Par exemple, la conjecture abc implique immédiatement que, si $k \geq l \geq n \geq 4$, l'équation $x^k + y^l = z^n$ n'a qu'un nombre fini de solutions avec $x, y$ et $z$ premiers entre eux.

Cette conjecture, riche de très nombreuses conséquences, est largement ouverte, et les résultats partiels obtenus jusqu'à présent sont beaucoup plus faibles. Il est à noter pourtant que, pour les anneaux de polynômes, et plus généralement pour les corps de fonctions, l'énoncé correspondant a été démontré. Mais la nature a voulu que l'anneau **Z** des entiers, sur lequel il n'existe pas de dérivation, soit plus difficile à analyser (voir « Les entiers invariables »). C'est bien dommage, n'est-ce-pas, puisque c'est **Z** qui nous intéresse avant tout... mais c'est ainsi.

Plus le degré des équations diophantiennes s'élève, et plus rares sont les solutions. Le troisième degré nous propose un champ d'étude particulièrement intéressant, une sorte de point d'équilibre entre l'abondance du deuxième degré et l'extrême parcimonie des degrés supérieurs. Examinons cela.

## *Les courbes elliptiques réelles*

Commençons par un avertissement : une ellipse n'est pas une courbe elliptique ! Soit, mais cela ne nous dit pas ce que sont ces fameuses courbes. Nous allons faire l'impasse sur leur définition formelle, et les définir comme courbes algébriques : une courbe elliptique réelle est une courbe d'équation

$$y^2 = x^3 + px + q$$

où $p$ et $q$ sont des nombres réels et où le discriminant $\Delta = 4p^3 + 27q^2$ du polynôme du troisième degré est non nul. Si ce polynôme a trois racines réelles, la courbe elliptique a la forme esquissée dans la figure 10. Notons qu'une courbe elliptique $(E)$ est en particulier une cubique, c'est-à-dire que, si l'on prolonge le segment qui joint deux points $P$ et $Q$ de $(E)$, la droite correspondante coupe $(E)$ en un troisième point $R$. Il serait tentant de définir ce point $R$ comme étant la somme de $P$ et $Q$, mais il se trouve que ce n'est pas la bonne définition et qu'il faut définir $P+Q$ comme étant le symétrique de $R$ par rapport à l'axe horizontal (voir figure 10). Nous avons besoin, enfin, du point à

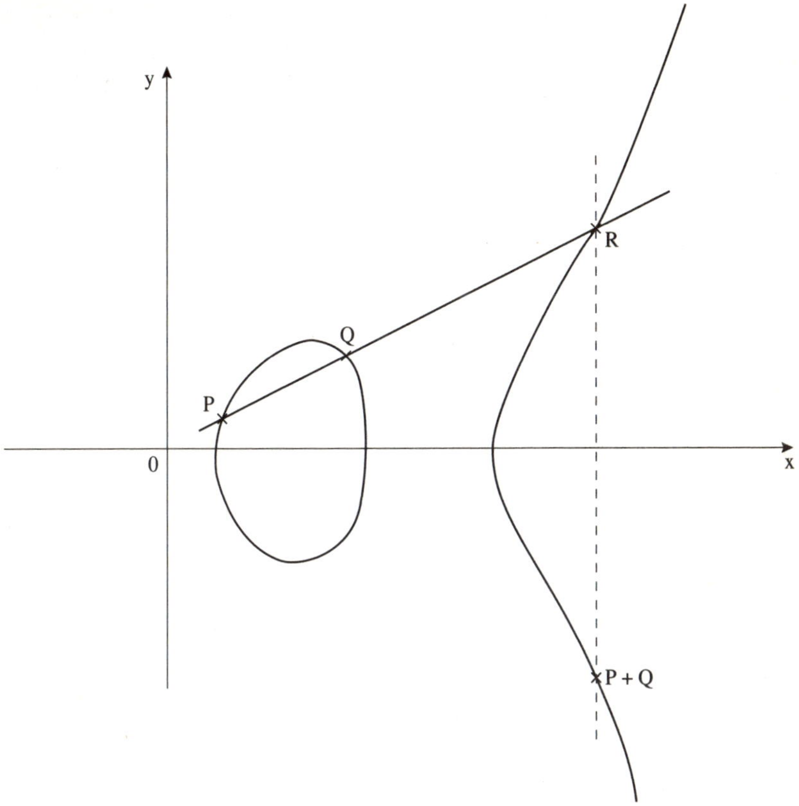


Figure 10
La loi de groupe sur une courbe elliptique

l'infini $\infty$ dans la direction $y$, qu'on peut imaginer comme l'intersection de toutes les droites verticales. Deux remarques à son propos : il n'y a qu'un point à l'infini $\infty$ dans cette direction et non pas deux qui seraient « en haut et en bas ». Et, de plus, $\infty$ appartient à la courbe $(E)$. Le lecteur est en droit de demander s'il est légitime d'introduire ce point virtuel, et comment l'utiliser dans les calculs. La réponse est que tout cela se justifie parfaitement au moyen des coordonnées projectives, qui introduisent la droite de l'infini et montrent en particulier que $\infty$, unique intersection de $(E)$ avec cette droite de l'infini, est un point d'inflexion de $(E)$.

Inutile d'entretenir un vain suspense : le lecteur, préparé par le cas quadratique (voir « L'essai sur les coniques »), aura deviné que cette opération munit la courbe elliptique $(E)$ d'une structure de groupe commutatif. L'élément neutre de ce groupe est le point à l'infini $\infty$, et les points $P$, $Q$ et $R$ de la courbe sont alignés si et seulement si $P+Q+R=\infty$. Si $P'$ est le symétrique de $P$ par rapport à l'axe horizontal, on a $P+P'=\infty$, et donc $P'$ est aussi le symétrique de $P$ dans le groupe $(E)$. Là encore, c'est l'associativité qui n'est pas évidente, mais cette fois le théorème de Pascal ne suffit pas, et nous avons besoin des mathématiques du XIXe siècle et d'un théorème de Max Noether. Avant d'utiliser ce groupe, évoquons brièvement les cas de dégénérescence : si le discriminant $\Delta$ est nul, la cubique devient une follium de Descartes (si $x^3+px+q$ a une racine double) ou une cissoïde de Dioclès (en cas de racine triple), et dans ces deux cas le groupe est la courbe $(E)$ privée du point singulier. Remarquons enfin que, si l'on adjoint la droite de l'infini à une conique, on obtient une cubique qui permet par restriction de retrouver la loi précédemment définie sur la conique.

Comme pour les coniques, si l'équation qui définit $(E)$ a ses coefficients rationnels, l'ensemble des points de $(E)$ à cordonnées rationnelles est un sous-groupe de $(E)$, qu'on note $E(\mathbf{Q})$. Pierre de Fermat a sans doute été le premier à utiliser ce groupe (à la terminologie près, bien entendu). Il s'est en effet attaqué avec succès à un problème qui remonte au moins à Al-Karaji (953-1029) : construire des triangles rectangles à côté rationnels et d'aire entière. Un petit calcul montre que, si $n$ est une telle aire, il existe trois carrés de nombres rationnels en progression arithmétique de raison $4n$ : par exemple, le triangle de côtés (3, 4, 5) est d'aire 6, et les carrés 1, 25, 49 sont en progression arithmétique de raison 24. C'est pourquoi l'on appelle aujourd'hui *nombre congruent* tout nombre entier qui est l'aire d'un triangle rectangle à côtés rationnels. Le calcul montre que $D$ est un nombre congruent si et seulement si la courbe elliptique

$$y^2 = x^3 - D^2x$$

contient des points à coordonnées rationnelles non nulles, chaque point fournissant au moyen d'une formule simple un triangle rectangle à côtés rationnels d'aire $D$. Dans le cas $D = 6$, Fermat part du point $P$ de coordonnées (12, 36) qui correspond au triangle primitif de côtés (3, 4, 5), puis calcule $P + P$ et obtient le triangle (7/10, 120/7, 1201/70), et enfin $P + P + P$ lui fournit le triangle de côtés (2896804/1319901, 7216803/1319901, 7776485/1319901). Bien conscient de la généralité de sa méthode, il précise d'ailleurs qu'étant donné un triangle de départ il peut en construire une infinité de même aire. Il traite ainsi le cas $D = 5$. Il montre d'autre part un résultat déjà énoncé par Fibonacci : le nombre 1 n'est pas congruent. Pour cela, Fermat établit que, si c'était le cas, il existerait des entiers $(x, y, z)$ non nuls tels que

$$x^4 - y^4 = z^2$$

puis il utilise sa méthode de descente infinie pour montrer que c'est impossible. Cette « descente infinie » consiste à déduire de toute solution une solution strictement plus petite, ce qui prouve par l'absurde l'absence de solutions : c'est déjà ainsi qu'Aristote montre l'irrationalité de $\sqrt{2}$ (voir « Les limites du logos »). Il semble qu'après la démonstration de ce beau résultat Fermat se soit laissé emporter par son élan jusqu'à griffonner dans la marge de son Diophante un énoncé bien plus général. C'était un peu rapide bien sûr, mais remercions-le : il a donné du travail aux chercheurs pendant plus de trois siècles, jusqu'à ce que la conjecture de Fermat devienne le théorème de Wiles.

Revenons au groupe $E(\mathbf{Q})$ des points à coordonnées rationnelles d'une courbe elliptique $(E)$ à équation rationnelle. Nous avons vu que l'équation de Pell-Fermat conduisait à un sous-groupe isomorphe à $\mathbf{Z}$, donc engendré par une seule solution primitive, de l'hyperbole. Un approfondissement de la méthode de descente infinie de Fermat conduit dans le cas des courbes elliptiques à un résultat analogue mais bien plus profond, le théorème de Mordell-Weil : le groupe $E(\mathbf{Q})$ des points rationnels d'une courbe elliptique $(E)$ à équation rationnelle est de type fini. Autrement dit, il existe un nombre fini de points $P_1, P_2, ....P_k$ de $E(\mathbf{Q})$ tels que tout point $P$ de $E(\mathbf{Q})$ s'écrive

$$P = n_1 P_1 + n_2 P_2 + ... + n_k P_k$$

pour des entiers $n_1, n_2, ...n_k$. Le plus petit entier $k$ tel que cette représentation soit possible s'appelle le *rang* de la courbe $(E)$.

Le théorème de Mordell-Weil est un théorème de structure fondamental, qui nous amène au front de la recherche contemporaine. Remarquons en effet que la méthode de descente infinie est un raisonnement par l'absurde, qui fournit un résultat de finitude mais ne permet pas d'estimer le rang d'une courbe elliptique. Aujourd'hui, personne ne sait s'il existe des courbes de rang arbitrairement élevé. Le record du monde, qui a été détenu pendant un temps par Jean-François Mestre, est depuis 2006 la propriété de Noam Elkies, avec une courbe de rang $k = 18$. Je ne résiste pas au plaisir d'en écrire l'équation :

$$y^2 + xy = x^3 + 2617596009270588409631170178770120390355643896951 5\, x + \\ 51069381476131486489742177100373772089779103253890567848326775119094885041.$$

Bien sûr, cette course au record ne sera plus qu'un beau défi lancé aux informaticiens (comme la construction de progressions arithmétiques de nombres premiers, voir « Et les maths, dans tout ça ? ») s'il est un jour montré qu'il existe des courbes de rang arbitrairement grand. Il y a cependant des raisons précises de penser que le rang moyen des courbes elliptiques est inférieur à 2, et donc que les courbes de rang élevé sont exceptionnelles. Un autre résultat de finitude, le théorème de Siegel, énonce que l'ensemble des points de $E(\mathbf{Q})$ dont l'abscisse $x$ est un nombre entier est fini. Les équations diophantiennes de degré 3 qui définissent les courbes elliptiques ont donc un nombre fini de solutions, conformément au principe énoncé plus haut (voir « Les équations de Pell-Fermat »).

On ne sait pas non plus caractériser les nombres congruents. On conjecture qu'un entier $D$ sans facteur carré est congruent si le reste la division de $D$ par 8 est égal à 5, 6 ou 7. Il s'agit d'un problème conceptuel, lié à l'importante conjecture de Birch et Swinnerton-Dyer, et qui ne se réduit pas à des considérations empiriques. Pour illustrer cette dernière affirmation, précisons par exemple que $D = 157$ est un nombre congruent et que l'hypoténuse du triangle rectangle à côtés rationnels d'aire 157 *le plus simple* vaut, monsieur Fermat aurait aimé cela,

$$\frac{224403517704336969924557513090674863160948472041}{8912332268928859588025535178967163570016480830}.$$

Nous allons maintenant quitter le champ passionnant des équations diophantiennes. Mais, avant cela, esquissons l'état présent de ce qu'on peut appeller la *géométrie arithmétique*. La théorie de Galois éclaircit la nature arithmétique des racines de polynômes à une variable. Les théorèmes de Mordell-Weil et Siegel (et, pour les courbes de genre supérieur, la finitude de l'ensemble des points rationnels montrée par Faltings) révèlent la structure des points rationnels ou entiers sur les courbes algébriques à deux variables. En grande dimension (58 variables, par exemple), les polynômes de Robinson-Matijasevic nous font toucher du doigt les limites de la portée des algorithmes, si complexes soient-ils (voir « Le démontrable et le vrai ») et nous font connaître qu'à partir d'un certain nombre de variables l'indécidable guette. Quel est ce nombre ? Il se pourrait que trois variables conduisent déjà à des situations inextricables. La recherche se poursuit.

## *Le secret d'Alice et Bob*

Ces équations diophantiennes et ces très grands entiers sont fascinants, n'est-ce pas ? Mais les groupes de points rationnels sur les courbes elliptiques ne sont pas seulement de beaux objets, ils sont utiles ! Nous allons voir comment.

Deux personnes, qu'on appelle d'ordinaire Alice et Bob, désirent partager un secret. Nous dirions aujourd'hui, moins poétiquement, qu'ils veulent sécuriser leur connexion, même dans le cas où un espion lirait les messages qu'Alice envoie à Bob, et réciproquement. Pour décrire le principe de ce codage, considérons un groupe fini $G$ avec un seul générateur $g$, ce qu'on appelle un groupe cyclique. Alice choisit un entier $a$ et calcule $g^a$. Bob choisit un entier $b$ et calcule $g^b$. Puis Alice et Bob se communiquent leurs clés $g^a$ et $g^b$, sachant donc que ces communications peuvent être interceptées par un espion. On parle pour cette raison de *codage à clé publique*. Alice, qui connaît à présent $a$ et $g^b$, peut calculer $(g^b)^a = g^{ba} = g^{ab}$, et de même pour Bob. Donc, l'élément $g^{ab}$ de $G$ est le secret commun d'Alice et Bob. Mais l'espion, qui ne connaît que $g^a$ et $g^b$, n'est pas en mesure de calculer $g^{ab}$. Victoire !

Pour que cela marche en pratique, il faut utiliser un groupe $G$ dans lequel le calcul est facile, et pour lequel le *problème du logarithme discret* est difficile. En d'autres termes, pour lequel l'espion, qui connaît $g$ et $g^a$, ne sera pas en mesure de calculer $a$. Calculer sur ce groupe relève donc d'une procédure dissymétrique : un entier $a$ étant donné, il est aisé d'obtenir $g^a$, mais si inversement c'est $g^a$ qui nous est donné on ne pourra pas en déduire $a$ en temps raisonnable. Il se trouve que les courbes elliptiques définies sur les corps finis ont les propriétés voulues. Donc, si nous remplaçons dans le paragraphe ci-dessus le corps des réels par un corps fini (pensons à $\mathbf{Z}/p\mathbf{Z}$ avec $p$ premier), nous obtenons une courbe elliptique finie $G$, dont la loi de groupe répond à la demande. Cette méthode de codage, qui résiste (semble-t-il) aux attaques connues à ce jour, est effectivement employée dans les cartes à puce. D'ailleurs, pas d'inquiétude : si un jour les courbes elliptiques ne suffisent plus, place aux courbes hyperelliptiques !

Voici donc du très concret, et pourtant les mathématiques les plus fondamentales ne sont jamais loin. Si $(E)$ est une courbe elliptique à coefficients entiers et qu'on la réduit modulo $p$, nous obtenons une courbe elliptique sur $\mathbf{Z}/p\mathbf{Z}$ puis par extension sur les corps de cardinal $p^n$. La conjecture de Birch et Swinnerton-Dyer prédit le rang de $(E)$ à partir du nombre de points de $(E)$ dans tous les corps finis, *via* une fonction $L$ de la variable complexe (la fonction de Hasse-Weil de la courbe $(E)$) qui s'apparente à la fonction $\zeta$ de Riemann. Cette conjecture centrale relie donc le nombre des solutions modulo $p$ à la structure des solutions rationnelles. De plus, les propriétés de cette fonction $L$ jouent un rôle central dans la démonstration par Andrew Wiles de la conjecture de Fermat. Il m'est impossible d'en dire plus sur ces conjectures et sur ces résultats profonds. Contentons-nous d'observer, une fois encore, à quel point les mathématiques appliquées et fondamentales sont inséparables.

Mais, au fait, nous ne savons toujours pas pourquoi les courbes elliptiques s'appellent ainsi ! Pour le comprendre, il va nous falloir à nouveau changer de corps, mais sans métempsycose ni réincarnation car nous allons simplement passer aux nombres complexes. Et, avant cela, faire une pause historique sur une trop courte vie consacrée aux mathématiques : celle de Niels Henrik Abel.

## *L'étoile du Nord*

Niels Henrik Abel est né le 5 août 1802. Son grand-père était pasteur, tout comme son père Soren Georg Abel. Après d'excellentes études de théologie à Copenhague qui lui avaient valu d'être remarqué de la haute société norvégienne, Soren Georg Abel avait épousé en 1800 Anne-Marie Simonsen, fille aînée d'un très riche négociant. Niels Henrik est le deuxième enfant du couple, qui aura encore après lui quatre enfants viables. Sa naissance prématurée survient lors d'un séjour de ses parents à Nedstrand. D'après sa mère, c'est après avoir été baigné dans du vin rouge et couché dans du coton moelleux que Niels Henrik donne les premiers signes de vie.

L'enfance de Niels Henrik se déroule au presbytère de Gjerstad, où Soren Georg succède à son père en 1804. Cette époque est le théâtre de nombreuses tensions. Les guerres napoléoniennes et les blocus qui s'ensuivent provoquent parfois de véritables famines en Norvège, terre au climat rude. Le pays lui-même oscille entre la dépendance au Danemark, l'union avec la Suède et l'indépendance. Les rigoureux principes luthériens n'y règnent plus sans partage et l'esprit des Lumières progresse, porté par l'usage du français, langue internationale de l'époque. Soren Georg est animé d'idées progressistes. Convaincu qu'il faut instruire le peuple, il réunit un cercle de lecture, s'efforce d'introduire la culture du colza, de promouvoir la vaccination antivariolique et de lutter contre un alcoolisme endémique. Pasteur éclairé, il rédige en 1806 un catéchisme novateur qui connaîtra six rééditions et sera utilisé dans toute la Norvège. L'éducation de ses propres enfants reste naturellement sa priorité, et Niels Henrik apprend l'arithmétique sur un cahier rédigé de sa main, dont la première ligne porte l'étrange équation $1 + 0 = 0$... Anne-Marie Simonsen, d'abord heureuse de partager la vie de ce brillant mari de neuf ans son aîné, se détache progressivement de lui, au fil des naissances, d'une santé déclinante et de l'ennui quotidien d'un presbytère isolé. Soren Georg connaît alors ses premières défaillances, et confesse à son doyen pendant l'hiver 1810 : « Aujourd'hui, j'ai visité quelques infirmeries, puis j'ai sombré dans le tabac et l'eau-de-vie. C'est mon salaire mais aussi mon palliatif. » Il est cependant député de sa région lors de la première session extraordinaire du Parlement norvégien à l'automne 1814.

Arrive l'année 1815, et Niels Henrik, bientôt suivi par son grand frère Hans Mathias, quitte le toit familial pour l'école cathédrale de Christiania, qui sera rebaptisée Oslo en 1925. Le projet pédagogique est pétri de tradition, puisqu'il précise : « Une étude approfondie et intelligente des langues mortes et des textes classiques devrait toujours occuper la place d'honneur. » On y lit pourtant déjà : « On doit marier la richesse de l'histoire à la rigueur des mathématiques et de la philosophie si l'on veut éviter la pensée unique. » Excellente idée à l'époque comme aujourd'hui, à Oslo comme à Paris ! Mais revenons à l'école cathédrale. Niels Henrik est bon élève, mais ne montre d'abord pas de goût particulier pour les mathématiques. Il faut dire que son professeur, Hans Peder Bader, est un furieux imbécile qui n'hésite pas à frapper durement ses élèves. Le drame survient en novembre 1817, quand l'un d'entre eux, Henrik Stoltenberg, meurt quelques jours après avoir été tabassé par Bader. L'époque n'était pas tendre, mais tout de même : les élèves refusent en bloc de retourner au cours aussi longtemps que cette brute reste en poste, et obtiennent gain de cause. Bader est suspendu et remplacé en toute hâte par Bernt Michael Holmboe, jeune professeur de vingt-trois ans. Holmboe, largement autodidacte, est un excellent pédagogue. Niels Henrik découvre alors les mathématiques, et de talentueux devient vite extraordinaire. Il sera l'unique consolation des dernières années misérables de son père.

Soren Georg Abel est à nouveau élu député en décembre 1817, mais ses adversaires politiques qui l'avaient déjà raillé en 1814 veillent, en premier lieu Sterner Johannes Sternersen, maître de conférences à la faculté de théologie de Christiania et ennemi juré du rationalisme et du catéchisme moderniste d'Abel. Une intervention maladroite de celui-ci au Parlement en avril 1818 donne à ses ennemis le moyen de l'évincer, non sans qu'il proteste encore : « L'énorme intérêt porté aux études supérieures et à la sagesse que l'on y acquiert ne portera ses fruits que lorsque les effets de l'amélioration de l'école s'étendront aux classes les plus modestes. Après tout, ces formations supérieures ne sont que des arcs-en-ciel qui ravissent par leurs couleurs mais ne contribuent pas à la fertilité de la terre. » Cependant Soren Georg est déjà brisé, et Christiania précipite sa déchéance en lui offrant toutes les tentations et en premier lieu l'eau-de-vie, sa grande faiblesse. Rentré à Gjerstad à l'automne 1818, compromis et sans avenir, c'est dans l'alcool qu'il cherche une consolation, comme son épouse Anne-Marie. Leur fils Niels Henrik voit une dernière fois son père à Gjerstad en juillet 1819, accablé de chagrin et peut-être tuberculeux. Et Soren Georg meurt le 4 mai 1820, quelques jours après l'arrivée de son fils aîné Hans Mathias qui s'enfonce lui aussi dans une dépression sans retour. Le jour des obsèques, la veuve s'enivre devant tous et ordonne publiquement à son domestique Jorgen de la rejoindre dans son lit ! Malgré l'alcoolisme qui ne la quittera plus, Anne-Marie Simonsen vivra jusqu'en 1846.

Deux mois avant sa mort, Soren Georg avait écrit : « La seule chose qui me console est que Niels Henrik se débrouille bien et qu'il deviendra l'un des génies mathématiques les plus éminents. » En effet, Holmboe conclut l'année 1819 d'une forte appréciation : « Un remarquable génie mathématique », et il récidive en 1820 : « Au génie le plus extraordinaire, il allie une ardeur inextinguible et un intérêt pour les mathématiques qui feront de lui certainement, s'il vit, un grand mathématicien. » Encore s'est-il autocensuré car une rature sur ce dernier bulletin révèle qu'il avait d'abord écrit « le plus grand mathématicien du monde ». Le maître à penser de Holmboe s'appelle Lagrange. C'est donc tout naturellement qu'Abel s'approprie ses travaux et est conduit à s'intéresser à la résolution de l'équation générale du cinquième degré. Cette question défiait les mathématiciens depuis l'*Ars magna* publié par Cardan en 1545, et Lagrange s'y était attaqué sans succès après sa profonde analyse des équations de degré 3 et 4. Dans les premiers mois de 1821, Abel croit détenir une formule de résolution pour le cinquième degré. Holmboe et ses collègues de Christiania, les professeurs Hansteen et Rasmussen, jugent son travail correct quoique difficilement lisible. Mais ce sont des scientifiques compétents, et ils estiment à juste titre improbable qu'un jeune homme de dix-huit ans, fût-il génial, ait résolu un problème aussi fameux. Hansteen envoie donc le travail d'Abel à Carl Ferdinand Dagen (1766-1825), professeur à Copenhague et alors le plus réputé des mathématiciens scandinaves. La réponse de Dagen est un exemple à suivre par tout patron de thèse qui a la chance de rencontrer un étudiant qui lui est clairement supérieur.

Carl Dagen ne détecte pas d'erreur, mais il sait qu'une approbation sans réserve de sa part pourrait exposer le jeune Abel à un désastre, si par exemple Gauss lui-même prenait connaissance de son travail et trouvait une faille. Il écrit donc en mai 1821 que ce calcul « montre, même si le but n'a pas été atteint, une intelligence et des compétences hors du commun pour quelqu'un de cet âge ». Il demande ensuite à Abel une preuve plus détaillée de son résultat et l'engage à considérer un exemple numérique explicite. Il termine enfin sa lettre avec un excellent conseil, qu'Abel aura à cœur de suivre : « Je ne peux guère à cette occasion taire le souhait que monsieur Abel emploie son temps et ses forces intellectuelles à étudier, selon moi, non pas des domaines stériles mais plutôt un sujet dont le développement entraînera les conséquences les plus importantes pour toute l'analyse et ses applications à la dynamique, je veux dire les transcendantes elliptiques. Avec de telles dispositions, le chercheur sérieux en aucun cas ne s'arrêtera aux propriétés belles et nombreuses de ces fonctions, si remarquables par elles-mêmes, mais découvrira des détroits de Magellan menant à de grandes étendues d'un seul et vaste océan analytique. » La pédagogie de Holmboe a été la première chance d'Abel, l'intuition de Dagen est sa deuxième, et dernière. Suite à quoi Niels Henrik teste sa formule sur plusieurs exemples numériques et découvre lui-même une erreur.

La rentrée de 1821 voit Abel intégrer la toute récente université de Christiania, mais le professeur de mathématiques pures, Soren Rasmussen, n'a déjà plus grand-chose à lui apprendre. Voici le temps des premiers articles, dont le plus important est sa preuve, obtenue à la fin de 1823, de l'impossibilité de résoudre l'équation générale du cinquième degré avec les quatre opérations et des extractions de racines. Il n'y a plus d'erreur cette fois, et Abel rédige en français cette preuve dont il espère qu'elle sera son passeport pour l'Europe savante. Elle lui procure du moins une bourse modeste du gouvernement norvégien pour un séjour de deux ans « pour étudier les sciences mathématiques dans les universités de Paris et de Göttingen ». Paris, capitale incontestée du monde scientifique ; Göttingen, l'antre de Gauss. La vie semble alors sourire à Abel. Mme Hansteen, qu'il appellera sa seconde mère, veille sur lui. Il rencontre la jolie Christine Kemp, sa chère Crelly, avec laquelle il se fiance à la fin de l'année 1824.

Le 7 septembre 1825, Niels Henrik quitte Christiania, pour un voyage de deux ans qui le conduira, en compagnie de quelques boursiers norvégiens dont son ami Mathias Keilhau, à Berlin, Prague, Vienne, Paris, puis de nouveau à Berlin, non sans quelques crochets touristiques vers l'Italie et la Suisse. C'est à Berlin qu'il rencontre l'ingénieur Leopold Crelle, le fondateur du *Journal für die reine und angewandte Mathematik* qui existe encore aujourd'hui, et dans lequel Abel publiera l'essentiel de ses travaux. Leopold Crelle travaillera sans relâche pour qu'Abel obtienne une chaire à Berlin et il atteindra son but, trop tard hélas. Mais Abel n'ira jamais à Göttingen. A-t-il peur de rencontrer Gauss, qu'il croit « fermement ancré dans son arrogance » ? Peut-être. Quoi qu'il en soit, cette omission est une erreur scientifique.

Abel arrive par contre à Paris,« foyer de tous ses souhaits mathématiques », le 10 juillet 1826. Il s'installe rue Sainte-Marguerite (aujourd'hui rue Gozlin), près de Saint-Germain-des-Prés. Le jeune Norvégien découvre alors la proverbiale hospitalité parisienne : indifférence et solitude l'accueillent, malgré le soutien de ses compatriotes émigrés et de quelques scientifiques parmi lesquels l'astronome Alexis Bouvard, le physicien Jacques Saigey et surtout Peter Lejeune-Dirichlet, étranger comme lui, disciple de Gauss et « mathématicien très subtil ». Il rencontre aussi le vieux Legendre (1752-1833), qui ne réalise pas immédiatement que les travaux d'Abel sur les fonctions elliptiques rendent caduque l'œuvre de sa vie, son grand *Traité des fonctions elliptiques et des intégrales eulériennes*. Mais, presque octogénaire, il fera l'effort de comprendre les articles du *Journal de Crelle*, y parviendra et écrira toute son admiration au jeune Norvégien en octobre 1828, juste à temps. C'est qu'Abel a en effet trouvé le « détroit de Magellan menant à un vaste océan analytique » : la formule d'inversion dont il a eu l'idée dès 1823 et qu'utilisera son rival Jacobi, le théorème d'addition des intégrales elliptiques et l'extension des fonctions inverses au domaine complexe. En octobre 1826, il soumet à l'Académie des sciences les 61 pages de son *Mémoire sur une propriété générale d'une classe très étendue de fonctions*, qu'il considère comme le sommet de ses découvertes. Cauchy et Legendre sont désignés comme rapporteurs, et Abel attend leur jugement avec une grande impatience. C'est son avenir scientifique qui est en jeu.

Il peut toujours attendre, car son *Mémoire* va vivre sa vie : jugez-en. Cauchy le perd, puis il réapparaît en juin 1829 sur la table de l'Académie, trop tard pour Abel mort deux mois plus tôt mais à temps pour qu'on lui attribue à titre posthume – avec Jacobi

– en 1830 le Grand Prix des sciences mathématiques que briguait Galois (voir « Une tragédie parisienne »). Les 1 500 francs correspondants sont envoyés à la mère d'Abel et finiront en eau-de-vie. Mais le *Mémoire* disparaît à nouveau pour réapparaître en 1841 et être enfin publié. Il est alors dans les mains de Guglielmo Libri, professeur au Collège de France mais aussi bouquiniste sans scrupules qui s'enfuit à Londres en 1848 avec bon nombre d'archives de l'Académie, avant d'aller finir ses jours à Florence, sa ville natale. C'est là que Vigo Brun retrouvera en 1952 le *Mémoire*, dont manquent les pages 21-24 et 31-34. Celles-ci seront exhumées en juillet 2000 dans des fonds de caisse provenant d'un antiquaire florentin par Andrea Del Centina, qui s'apercevra qu'elles ne sont pas de la main d'Abel mais ont été copiées (sans doute par Libri), puis découvrira les pages 31-34 du manuscrit autographe en février 2002 dans une bibliothèque de Livourne. Seules manquent donc, à ce jour, les pages 21-24. Lecteurs, si d'aventure en Italie, à Paris ou à Londres vous tombez sur deux feuilles jaunies couvertes d'intégrales et numérotées 21-24, prenez-en le plus grand soin !

Revenons à Abel, qui termine son séjour à Paris dans la déception et écrit à Holmboe : « Par ailleurs je ne pense pas autant de bien du Français que de l'Allemand. Le Français est excessivement réservé vis-à-vis des étrangers. Il est très difficile d'arriver à une relation plus intime avec lui. Et je n'ose pas y compter. Chacun travaille pour soi sans se préoccuper des autres. Tout le monde veut enseigner, personne ne veut apprendre. L'égoïsme le plus absolu règne partout. La seule chose que le Français cherche chez l'étranger est le pratique : personne ne peut penser sans lui. Il est le seul qui peut produire quelque chose de théorique. Sa pensée est de même et tu peux donc bien comprendre qu'il est difficile d'être reconnu, surtout pour un débutant. » Confrères et amis parisiens, avons-nous progressé depuis 1826 ? Je ne sais pas. Mais cela ne concerne plus Niels Henrik, qui quitte pour toujours la capitale française le 29 décembre de cette année-là.

Après un séjour studieux à Berlin où il bénéficie du soutien de son ami Crelle, Niels Henrik aborde à Christiania le 20 mai 1827. Il vit chichement de quelques avances consenties par le conseil de l'université où il n'est pas encore nommé et d'un prêt accordé par Soren Rasmussen, maintenant à la tête de la Banque de Norvège. Mais il travaille intensément et publie en mai 1827 dans le journal de Crelle ses *Recherches sur les fonctions elliptiques*. Il ne sait pas encore qu'il a un concurrent, Carl Gustav Jacobi, qui publie alors ses formules de transformation des intégrales elliptiques, d'abord sans démonstration, puis en les justifiant à l'aide des résultats d'Abel mais sans citer son travail ! Au printemps 1828, celui-ci prend connaissance des articles de Jacobi, et y répond en publiant une théorie plus générale encore. Avec une agressivité étonnante chez lui, il surnomme cette théorie « la mise à mort de Jacobi »... Bien souvent, un chercheur réagit mal à l'irruption d'un collègue sur le sujet qu'il considère comme son fief. Abel, cependant, avait été largement devancé mais il ne pouvait le savoir : Gauss avait en tête dès 1798 l'essentiel de la théorie des fonctions elliptiques mais n'avait rien publié. Prenant connaissance des travaux d'Abel, il écrit : « Comme il a, soucieux aussi de la présentation, manifesté tant de finesse, de profondeur et d'élégance, je me vois, pour cette raison, dispensé de publier mes propres recherches. » Faut-il le dire, Gauss ne bluffe pas. Il va jusqu'à remarquer avec intérêt qu'Abel utilise les mêmes notations que lui, mais précise qu'il n'avait montré ses notes à personne et qu'il est donc impossible qu'il y ait plagiat. En mai 1829, il écrira à l'astronome Heinrich Schumacher : « La mort d'Abel, dont je n'ai rien lu dans les journaux, est une perte énorme pour la science. Si d'aventure quelque chose venait à être publié quelque part sur les détails de la vie de cet esprit hors du commun, et que cela parvienne entre vos mains, permettez-moi d'insister pour que vous me le communiquiez. J'aimerais aussi beaucoup obtenir son portrait. »

Il sera hélas trop tard, et Abel n'aura jamais connaissance des éloges de Gauss. Car la fin est proche. Niels Henrik est malade mais veut pourtant retrouver sa fiancée à Froland. Il y arrive en traîneau le 19 décembre 1828 : dépourvu de gants, il a couvert ses mains d'une paire de chaussettes. Vient le bal de Noël, où il fait la folie d'aller prendre le frais après la danse et se met à tousser sans relâche. Cette fois la maladie ne le quitte plus. Le 6 janvier 1829, il réunit ses forces pour rédiger une dernière *Démonstration d'une propriété générale d'une certaine classe de fonctions transcendantes* qu'il envoie à Berlin. Puis commence une agonie de trois mois. La médecine d'alors ne peut pas grand-chose contre la pneumonie, rien contre la tuberculose, et Abel le sait. Il se sent abandonné des hommes et de Dieu, et sa souffrance se double d'une violente révolte spirituelle. Il trouve pourtant la force de conseiller à sa fiancée Crelly d'épouser, après sa mort, Mathias Keilhau. Conseil qu'elle suivra.

Abel meurt le 6 avril 1829 à 16 heures, en présence de sa fiancée. Deux jours plus tard, Crelle lui écrira depuis Berlin : « Mon très cher et très précieux ami, je peux maintenant vous apporter de bonnes nouvelles. Le ministère de l'Éducation a décidé de vous appeler à Berlin et de vous employer ici. [...] Gardez courage et soyez totalement rassuré. Vous venez dans un bon pays, un meilleur climat, plus proche des sciences et de vos vrais amis, qui vous estiment et qui vous aiment. »

Est-ce pour faire oublier leur indifférence que les Parisiens ont dédié une rue de leur XIIe arrondissement à Niels Henrik Abel ? Est-ce pour se faire pardonner leur pingrerie que les Norvégiens ont fondé à l'occasion de son bicentenaire en 2002 le prestigieux prix Abel, destiné à récompenser chaque année un mathématicien ? Ou n'est-ce pas plutôt une réponse teintée d'ironie au prix Nobel de leurs voisins suédois, qui comme chacun le sait ignore les mathématiques ? Peu importe. Les monuments et les commémorations comptent beaucoup moins que les théorèmes. Pour honorer sa mémoire, nous allons donc tâcher de saisir quelques éléments des travaux d'Abel.

## *Intégrales et fonctions elliptiques*

Commençons encore une fois par le cercle unité d'équation $x^2 + y^2 = 1$. Nous allons utiliser un principe simple et général : *ce qui mesure la complexité d'une courbe, ce n'est pas son degré mais son paramétrage*. Une courbe n'est pas un objet statique mais dynamique : c'est une route, et l'important est la façon dont on peut la parcourir. Pour le cercle, on utilise bien sûr le paramétrage que chacun connaît, $x = \cos(\theta)$, $y = \sin(\theta)$. Le cercle possède un maximum de symétries, qui font qu'en tout point la tangente est perpendiculaire au rayon. Cela se traduit analytiquement par le fait que les fonctions *sinus* et *cosinus* sont essentiellement dérivées l'une de l'autre : précisément, $(\sin)' = \cos$ et $(\cos)' = -\sin$. Un peu d'analyse montre à présent que, si on note *Arcsin* (ou $\sin^{-1}$ d'après la notation des calculettes...) la fonction réciproque de la fonction  définie sur le segment $[-1, 1]$ et à valeurs dans $[-\pi/2, \pi/2]$, sa dérivée vérifie

$$(Arcsin)'(y) = \frac{1}{\sqrt{1-y^2}}.$$

Cette équation a été employée dès le XVII^e siècle pour développer en série la fonction *Arcsin* puis par inversion la fonction *sinus* (voir *L'AdN*, chapitre 6). En intégrant, on a donc

$$Arcsin(y) = \int_0^y \frac{dt}{\sqrt{1-t^2}} \tag{1}$$

et enfin, puisque $Arcsin(\sin(\theta)) = \theta$ pour tout $\theta \in [-\pi/2, \pi/2]$, on a

$$\theta = \int_0^{\sin(\theta)} \frac{dt}{\sqrt{1-t^2}}. \tag{2}$$

Le lecteur se dit peut-être qu'on est en train de faire fausse route : si $\theta$ nous est donné, pourquoi l'égaler à cette intégrale bien compliquée ? Il y a deux raisons à cela : si on considère l'intégrale (1) en fonction de sa borne supérieure, on obtient la fonction *Arcsin*. Parfait, mais cependant il est bien naturel d'*inverser* notre opération et de considérer la borne supérieure en fonction de l'intégrale, ce qui nous donne la fonction *sinus*, bien plus importante ! De plus, l'équation (2) implique immédiatement la formule que voici :

$$\int_0^{\sin(\alpha+\beta)} \frac{dt}{\sqrt{1-t^2}} = \int_0^{\sin(\alpha)} \frac{dt}{\sqrt{1-t^2}} + \int_0^{\sin(\beta)} \frac{dt}{\sqrt{1-t^2}}$$

ce qui permet, en exprimant $\sin(\alpha+\beta)$ en fonction de $\sin(\alpha)$ et $\sin(\beta)$, d'écrire une belle formule d'addition, la plus intimidante de ce chapitre :

$$\int_0^{x\sqrt{1-y^2}+y\sqrt{1-x^2}} \frac{dt}{\sqrt{1-t^2}} = \int_0^{x} \frac{dt}{\sqrt{1-t^2}} + \int_0^{y} \frac{dt}{\sqrt{1-t^2}}. \qquad (3)$$

Tout cela est connu depuis la seconde moitié du XVII^e^ siècle, et n'est finalement qu'une variation sur les propriétés géométriques élémentaires du cercle. Mais c'est précisément à ce moment qu'il devient important, par exemple pour la mécanique céleste, de calculer la longueur d'un arc d'ellipse. La question se réduit après un changement de variable au calcul de l'intégrale suivante, qu'on appelle une intégrale elliptique (de première espèce)

$$I(u) = \int_0^{u} \frac{dt}{\sqrt{(1-k^2t^2)(1-t^2)}}. \qquad (4)$$

C'est alors d'autant plus urgent que cette même intégrale apparaît dans le calcul de la période exacte d'un pendule, sans l'approximation simplificatrice des « petites oscillations », et que les progrès de la navigation maritime exigent une mesure du temps toujours plus précise. Le réel $k$ de l'équation (4), compris entre 0 et 1, désigne l'excentricité de l'ellipse. Si $k=0$, on retrouve par inversion la fonction *sinus* comme ci-dessus, alors que, si $k=1$, cette inversion fournit la fonction « tangente hyperbolique » notée *th*. Le cas le plus important est naturellement le cas intermédiaire où $0<k<1$.

Les méthodes usuelles du calcul intégral ne permettent pas de calculer $I(u)$, et c'est d'abord par des développements en série qu'on en calcule des valeurs approchées. Mais Gauss, Abel et Jacobi vont aller plus beaucoup plus loin. Remarquons d'abord que le changement de variable élémentaire $x=t^2$ dans l'intégrale elliptique (4) la transforme en une intégrale du type

$$I(b) = \int_0^b \frac{dx}{\sqrt{P(x)}} \tag{5}$$

où $P$ est un polynôme de degré 3, et voici qu'apparaissent enfin nos courbes elliptiques : si $y = \sqrt{P(x)}$, on a $y^2 = P(x)$. D'où leur nom ! Pour poursuivre l'étude de l'intégrale (5) en suivant le modèle de l'intégrale circulaire (1), il suffit maintenant d'exprimer $x$ en fonction d'un paramètre $v$, soit $x = f(v)$, en choisissant $f$ de telle façon que $y = f'(v)$, et on aura alors $b = f(I(b))$, comme le lecteur le vérifiera facilement. Mais existe-il une telle fonction $f$ ? Pour l'intégrale (1), la fonction *sinus* convenait, comme on l'a vu. Mais les symétries d'une courbe elliptique sont plus cachées que celles du cercle !

Cachées oui, mais pas absentes. Et, pour les dévoiler pleinement, il faut élargir le cadre, et passer au plan complexe : voici l'idée que Legendre n'avait pas eue, mais qu'il comprendra avant de s'incliner dignement devant Abel et de s'écrier : « Quel cerveau que celui d'un jeune Norvégien ! » Pour bien comprendre cette idée, remarquons que la fonction exponentielle complexe induit toutes les propriétés des fonctions trigonométriques circulaires, et qu'en particulier sa période $2i\pi$ se traduit par leur $2\pi$-périodicité. La fonction $f$ que nous cherchons pour étendre le cas circulaire va être périodique elle aussi, c'est bien naturel, mais en fait elle le sera plus encore que l'exponentielle ! Elle aura *deux* périodes indépendantes, typiquement 1 et $i$, qui exploitent pleinement le caractère plan du corps des complexes. En référence à leur usage dans ce problème, on appelle désormais *fonction elliptique* toute fonction $f$ doublement périodique et méromorphe, c'est-à-dire dérivable de la variable complexe sauf en certains pôles.

Voici la percée victorieuse, le détroit de Magellan qui donne accès à l'océan cubique. Il existe une fonction elliptique $f$ qui permet de calculer l'intégrale (5) et de montrer que $b = f(I(b))$. Cette fonction et sa dérivée paramètrent la courbe elliptique complexe $E(\mathbf{C})$ d'équation $y^2 = P(x)$, et la topologie comme la structure de groupe de $E(\mathbf{C})$ deviennent alors transparentes : de même que le cercle s'identifie au quotient de $\mathbf{R}$ par le groupe des multiples entiers de 2 $\pi$, le groupe $E(\mathbf{C})$ s'identifie au quotient $\mathbf{C}/L$ du plan par un réseau $L$ engendré par les deux périodes indépendantes. C'est donc ce qu'on appelle un tore, qu'on peut visualiser comme la chambre à air d'un pneu, mais qu'on appelle de façon plus relevée une surface de Riemann de genre 1. Dès lors qu'on a compris que l'essentiel se passe sur ce quotient $\mathbf{C}/L$, toute une algèbre se développe, qui étend par exemple la formule d'addition (3) du cas circulaire. Remarquablement, les fonctions elliptiques fournissent même des formules de résolution de l'équation générale du cinquième degré ! Abel va d'ailleurs bien au-delà du cas des intégrales elliptiques, et considère des intégrales « abéliennes » plus générales. Galois le suivra sur ce terrain. Quant à nous, soyons raisonnables et restons-en là.

## *Une toupie pour les grands*

Nous n'allons pas quitter le monde cubique, et les fonctions elliptiques, sans une dernière application. Les mathématiciens du XVIIIe siècle s'étaient intéressés au mouvement d'un solide muni d'un point fixe et soumis à la gravitation. Euler avait traité le cas où ce point fixe est le centre de gravité du solide, et Lagrange, celui des solides de révolution dont le point fixe est situé sur l'axe, autrement dit des toupies. Pensons donc à une toupie en rotation sur un sol rugueux, de façon qu'il n'y ait pas de glissement et que le point de contact soit fixe, et appelons $x$ la hauteur au-dessus du plan de l'extrémité de l'axe de rotation, supposé de longueur 1. Lagrange montre que cette hauteur, fonction du temps $t$, satisfait l'équation différentielle

$$(x'(t))^2 = P(x(t))$$

où $P$ est un polynôme de degré 3 avec trois racines réelles positives, dont les deux plus petites sont inférieures à 1. Il s'ensuit que le point de coordonnées $(x(t), x'(t))$ parcourt la courbe fermée grossièrement circulaire de la courbe elliptique montrée dans la figure 10. Nous venons de modéliser partiellement ce qu'on appelle la *précession* et la *nutation*, qu'on observe facilement lorsqu'on fait tourner une toupie : l'axe de rotation décrit un cône, et l'angle que fait l'axe de rotation avec la verticale oscille entre deux valeurs extrêmes, obtenues à partir des deux premières racines du polynôme $P$.

C'est amusant, mais pourquoi s'en préoccuper encore quand on a passé l'âge de s'intéresser aux toupies ? Tout simplement parce que l'univers en est rempli, que notre Terre elle-même en est une ! Et que cette toupie gigantesque est bien sujette à la précession et à la nutation. Pour être précis, l'axe de la Terre décrit un cône en environ vingt-cinq mille huit cents ans, cependant que son inclinaison par rapport au plan de l'orbite de la Terre oscille entre 22° 06' et 24° 30' sur un cycle de quarante et un mille ans, avec de petites oscillations de l'ordre de quelques secondes d'arc sur un cycle de 18,6 ans. La valeur présente de 23° 26' (qui est aussi la latitude des tropiques) va encore décroître pendant environ dix mille ans. Voici quelques conséquences de ces mouvements. L'inclinaison de l'axe des pôles est responsable des différences saisonnières, dans cent siècles les saisons seront donc moins marquées. L'étoile Polaire, actuellement presque à l'exacte verticale du pôle Nord, va progressivement quitter cette place privilégiée jusqu'à ce que l'axe de la Terre pointe à nouveau vers elle dans vingt-six mille ans. Dans douze mille ans, la très brillante étoile Véga de la constellation de la Lyre fera donc fonction d'étoile Polaire. Enfin, le « point vernal », c'est-à-dire le point du zodiaque où se trouve le Soleil lors de l'équinoxe du printemps, parcourt le zodiaque en vingt-cinq mille huit cents ans, c'est-à-dire à peu près un signe zodiacal en deux mille ans. Cette « précession des équinoxes » observée par Hipparque dès 130 av. J.-C en dit long sur le sérieux des astrologues, qui ne perdent pas leur temps précieux à observer le ciel : ainsi, le signe astrologique de ceux qui, par exemple, sont nés le 10 juillet est le Cancer alors que, depuis une demi-douzaine de siècles, le Soleil est ce jour-là en plein milieu de la constellation des Gémeaux. Mais pourquoi se fatiguer quand les clients sont si confiants ? Célébrons plutôt avec *Hair* et les hippies de 1969

*The Dawn of the Age of Aquarius*, puisqu'en effet le point vernal, après deux millénaires dans les Poissons, entre à présent dans la constellation du Verseau.

Lagrange a analysé le mouvement des toupies, petites et grandes. Mais son travail précède celui d'Abel, et il ne pouvait donc pas encore appliquer les fonctions elliptiques à la dynamique, comme suggéré par Carl Dagen. C'est Sophie Kovalewski (1850-1891), révolutionnaire à plus d'un titre, qui appliquera toute la puissance des fonctions de variables complexes au mouvement du solide. Elle découvrira le troisième et dernier cas où les équations du mouvement sont « complètement intégrables », qui correspond à ce qu'on appelle aujourd'hui une toupie de Kovalewski, et mènera à bien la difficile analyse du mouvement correspondant. Elle devra utiliser pour cela des fonctions *hyperelliptiques* puisque dans son étude le polynôme $P$ saute du degré 3 au degré 5, et que les fonctions correspondantes dépendent de deux variables complexes. Les mathématiques d'aujourd'hui ont prolongé le mouvement avec les variétés de Calabi-Yau et la « symétrie miroir ».

Les travaux de Sophie Kovalewski nous conduisent à un niveau supérieur de complexité, et il est donc temps de conclure ce chapitre. Les symétries de l'univers quadratique sautent aux yeux. Celles du monde cubique sont cachées et nous invitent à élargir le cadre de nos calculs, à considérer des dimensions nouvelles : généralement, un objet a davantage de symétries que ses ombres. Ne nous contentons pas de la projection réelle et passons au domaine complexe. Les symétries s'y déploient dans toute leur beauté, et tout s'éclaire : arithmétique, planètes et codes secrets... La liste n'est pas close.

CHAPITRE VI

# LE LIVRE DE GALILÉE

À juste titre, les enfants de six ans sont fiers de savoir lire. S'il y a un musicien dans la famille, ils testeront leurs limites devant une partition et comprendront bien vite que ces notes blanches et noires, ces dièses et bémols deviennent musique, tout comme leur lecture se fait parole. S'ils sont issus d'une double culture, ils pourront se trouver exposés à deux alphabets ou, un peu plus difficile peut-être, à un alphabet et aux idéogrammes chinois ou japonais. Mais quoi qu'il en soit le principe que tous ces signes transcrivent une langue porteuse de sens ne leur échappera pas.

Les mathématiciens aussi ont des enfants. Ceux-ci sont confrontés dès leur plus jeune âge à cette danse de caractères étranges que les mathématiques deviennent dès lors qu'on les écrit. Qu'est-ce que cela peut bien signifier ? Mystère, d'autant plus épais que maman ou papa sont d'ordinaire très silencieux devant ces livres, lorsqu'ils *font* des mathématiques, comme ils disent. Mais, à propos, font-ils bien quelque chose, puisque de leur travail ne sort jamais le moindre objet ? Est-ce vraiment cela, leur métier de chercheur ?

Cette perplexité enfantine est partagée par de nombreux adultes, chez qui elle fait parfois naître la conviction qu'on devrait cesser de payer tous ces bons à rien. Mais, plutôt que de s'indigner de cette dernière opinion, il faut expliquer la pertinence du travail mathématique. La réponse toute simple est que les mathématiques sont bien une langue signifiante, que les mathématiciens utilisent pour *parler du réel* bien plus précisément qu'on ne peut le faire avec les mots de tous les jours. Galilée l'affirme de manière radicale en 1623 : « La philosophie est écrite dans ce très vaste livre qui constamment se tient ouvert devant nos yeux – je veux dire l'univers – mais on ne peut le comprendre si d'abord on n'apprend pas à comprendre la langue et à connaître les caractères dans lesquels il est écrit. Or il est écrit en langage mathématique et ses caractères sont les triangles, les cercles et autres figures géométriques, sans lesquels il est absolument impossible d'en comprendre un mot, sans lesquels on erre vraiment dans un labyrinthe obscur. »

Feuilletons quelques pages du livre de Galilée en déclinant quatre aspects du monde dans lequel nous baignons : l'univers de nos perceptions, la transmission de l'information, l'interaction, le hasard.

## *Percevoir et sentir*

Ami lecteur, vous parcourez peut-être ces lignes dans le confort d'un bon fauteuil, à l'ombre d'un jasmin odorant, bercé par la musique douce qui convient à un après-midi de vacances et sirotant un délicieux jus d'orange. Ou peut-être attendez-vous impatiemment le métro, debout sur le quai de la station Télégraphe. Peu importe, où que vous soyez, il est vraisemblable que vos sens – vue, ouïe, toucher, odorat et goût – sont en éveil. Ils constituent le cadre dans lequel chacun évolue irrévocablement : nous vivons dans l'univers de nos perceptions.

Nos cinq sens reçoivent continuellement des signaux, dont nous savons bien qu'ils sont de nature très différente. Les mathématiques permettent d'analyser certains d'entre eux, au moyen de ce que l'on nomme l'*analyse harmonique*, ou encore l'analyse de Fourier. Pour présenter brièvement cette théorie, commençons par décomposer un signal élémentaire : un simple nombre. Nous allons utiliser pour cela l'écriture familière des nombres réels en base 10. Soit par exemple le nombre $x = 436{,}478\,72$. Je viens d'écrire sous la forme concise que permet la numérotation de position la quantité

$$x = 4 \times 10^2 + 3 \times 10^1 + 6 \times 10^0 + 4 \times 10^{-1} + 7 \times 10^{-2} \\ + 8 \times 10^{-3} + 7 \times 10^{-4} + 2 \times 10^{-5}.$$

Un nombre réel qui n'est pas un rationnel décimal a une infinité de chiffres après la virgule, ce qui veut dire que la somme ci-dessus peut devenir une série de puissances (limitée à gauche) de 10, pondérées par les entiers entre 0 et 9. Nous disposons de quelques variations autour de ce principe : nous pouvons changer de base et remplacer 10 par un entier supérieur ou égal à 2 arbitraire. Le choix de la base 2 est particulièrement naturel puisque la pondération n'utilise alors que les entiers 0 et 1, ce qui permet d'exprimer tout réel en utilisant seulement deux symboles (voir *L'AdN*, appendice 1). Nous pouvons choisir comme base un nombre premier $p$, sortir du cadre réel et construire un corps où ce sont les puissances *positives* de $p$ qui tendent vers zéro : voici l'analyse $p$-adique chère aux arithméticiens (voir *L'AdN*, chapitre 7), où c'est cette fois vers la *gauche* que la série qui représente un nombre $p$-adique peut avoir une infinité de termes. Nous pouvons même envisager l'utilisation de bases non entières : considérons par exemple le réel

$$\phi = \frac{1 + \sqrt{5}}{2}$$

qu'on appelle parfois pompeusement le nombre d'or et qui vérifie $\phi^2 = \phi + 1$. Il est facile de déduire de cette équation que n'importe quel réel positif est égal à une série de puissances de $\phi$. Nous voilà donc en présence d'un concurrent potentiel du nombre 2, puisque 0 et 1 suffisent là encore pour écrire tout réel positif ! Mais cette base est bien malcommode : outre le fait que $\phi$ et ses puissances ne sont pas des nombres simples, l'équation $\phi^2 = \phi + 1$ entraîne que l'écriture d'un réel non nul comme somme de puissances de $\phi$ n'est jamais unique. Il y a donc de bonnes raisons de se limiter aux bases entières, dès lors que le « signal » que nous voulons analyser est un nombre réel.

Supposons à présent que notre signal soit une fonction périodique du temps $s(t)$, une vibration par exemple. Pouvons-nous l'écrire dans une certaine base ? Suivons le schéma que l'écriture des réels nous suggère, et utilisons les puissances d'une fonction périodique fondamentale. Si nous choisissons comme unité de temps la période, la fonction qui va nous servir de base est bien sûr

$$f(t) = e^{2i\pi t}$$

qui paramétre le cercle parcouru à vitesse constante en une unité de temps : quoi de plus périodique que de tourner en rond ? Nous pouvons donc décomposer notre signal $s$ en base $f$, sous la forme

$$s(t) = \sum_{k=-\infty}^{k=\infty} a_k e^{2i\pi kt}.$$

Cette somme est ce qu'on appelle le développement en série de Fourier du signal $s$. L'analogie avec le développement décimal est patente, mais il y a aussi quelques différences importantes : la pondération $a_k$ n'est plus constituée d'entiers mais de nombres réels ou complexes, et les puissances successives de la base $f$, qui consistent à faire $k$ tours dans un sens ou dans l'autre (d'où le signe), sont « de la même taille » que $f$. Il y a donc lieu de développer la série dans les deux sens, et sa convergence vers $s$ va dépendre de la petitesse des coefficients $a_k$, qui sont déterminés par $s$. L'étude de cette convergence a donné lieu à de profonds théorèmes, dont le plus important a été démontré en 1962 par Lennart Carleson : la série converge pour presque tout $t$ pour les signaux d'énergie finie. Si le signal est assez raisonnable (disons, continûment dérivable), la contribution des hautes fréquences est contrôlée, et la convergence est alors plus simple à établir, et quantitativement meilleure. Mais bien des signaux naturels ne sont pas raisonnables. Faites par exemple crisser une craie sur un tableau noir : votre tympan vous fera clairement sentir que les hautes fréquences ont des coefficients élevés, que le signal reçu n'est pas régulier et que son audition est désagréable ! Notons aussi que tous les signaux ne sont pas périodiques. Il faut alors remplacer la série par une intégrale qu'on appelle naturellement la transformée de Fourier, mais le principe reste le même.

L'humanité s'est intéressée dès l'aube de l'histoire à des phénomènes périodiques : le jour, l'année, les saisons, le mouvement des astres, qu'elle a universellement utilisés pour mesurer le temps. Puis elle s'est approprié les phénomènes naturels quasi périodiques, éclipses et marées. Enfin, après avoir contemplé bien des arcs-en-ciel et pincé bien des instruments à cordes, elle a pris conscience du caractère ondulatoire des signaux que deux de nos sens nous font percevoir. Nous savons désormais qu'un signal lumineux se décompose en mélange de fréquences (de couleurs pures, en d'autres termes), ou n'a qu'une seule fréquence s'il s'agit d'un faisceau laser idéal. Un son se décompose en harmoniques plus ou moins graves, calées sur la fréquence de 435 hertz lorsqu'on fait vibrer un diapason.

La vue et l'ouïe se prêtent donc très bien à l'analyse de Fourier. Nous connaissons l'intervalle des fréquences que notre œil perçoit (infrarouge, ultraviolet), de même que notre oreille (infrasons, ultrasons). L'évolution a ajusté ces intervalles à la lumière du Soleil et aux bruits naturels, et il semble qu'aucun être vivant ne dispose d'un sens qui perçoit la radioactivité, extrêmement faible à l'état naturel. Nous savons décomposer la lumière qui provient d'une étoile, en déduire les éléments dont cette étoile est composée et constater par exemple que les étoiles en fin de vie synthétisent des noyaux lourds. Nous pouvons aussi transmettre à distance les images et les sons, les stocker, et les reproduire avec une excellente précision. L'analyse mathématique continue d'ailleurs à progresser sur ce point, car pour les signaux comme pour les entiers nous disposons d'une certaine liberté dans le choix des bases. Ainsi, la théorie des ondelettes, qui repose en particulier sur l'analyse fonctionnelle non hilbertienne, fournit depuis une vingtaine d'années de nouveaux développements en série qui donnent lieu à des théorèmes de convergence plus performants, et permettent une bien meilleure compression des images. En regardant un film ou en écoutant une chanson sur notre ordinateur, rappelons-nous donc les bobines et les disques en vinyle de nos pères. La numérisation a changé tout cela, rendue possible – entre autres – par les mathématiques.

Les mathématiciens ne se contentent pas de digitaliser les signaux, ils cherchent à modéliser le fonctionnement des sens eux-mêmes, et beaucoup reste à faire dans ce domaine, car l'œil et l'oreille humaine sont des récepteurs si performants qu'ils demeurent difficiles à imiter. Notre oreille reconnaît des dizaines de voix familières, et nul ne confond une parole et un chant. Mais le son ne se prête pas à l'interpolation ni à l'extrapolation, contrairement à l'image. Notre œil perçoit spontanément les bords, les groupements, et il élimine le superflu. Cette focalisation sur l'essentiel n'est pas si éloignée de la démarche mathématique, et il est donc assez naturel que la vue et l'intuition visuelle aient davantage influencé les mathématiques que l'ouïe et *a fortiori* les trois autres sens. Ainsi, une méthode astucieuse appelée *analyse des données* permet d'effectuer des regroupements abstraits, par exemple sur un diagramme, d'une façon rigoureuse et très utile aux classifications. Mais, en ce qui concerne le goût, l'odorat et le toucher, nous sommes toujours incapables d'interpréter mathématiquement le signal lui-même. Il est clair que la « petite » analyse de Fourier périodique que nous avons esquissée ne suffit pas. Pour s'en convaincre, on peut remarquer par exemple que nous ne disposons pas de l'analogue d'une couleur ou d'un son purs : tout contact, tout parfum, tout goût est un mélange. Et si, avec l'aide d'un parfumeur ou d'un cuisinier (le métier de toucheur n'existe pas vraiment), on établissait une liste de parfums ou de goûts qualifiés de purs, cette liste ne serait pas paramétrée naturellement par les réels ni clairement quantifiable. Il s'agirait d'un menu, d'un catalogue, mais où serait la structure ?

Trois de nos sens sont donc, à ce jour, réfractaires à l'analyse, et nous ne savons pas encore traduire en termes mathématiquement précis le goût du pain, le bouquet du saint-émilion et une caresse sur la joue. Nous ne savons pas non plus, bien sûr, conserver puis reproduire ou transmettre à distance les sensations correspondantes. Ce n'est donc pas demain que l'odeur de votre interlocuteur sera restituée par votre ordinateur en même temps que sa voix et son image. Mais il y a peut-être de bonnes raisons pour que ce versant de la sensualité échappe à la numérisation, sa nature est autre : une description bien faite suscite l'image d'un paysage que l'on n'a jamais vu, mais quels mots peuvent faire connaître une odeur inconnue ? Ces trois sens à courte portée mais bouleversants ont une excellente mémoire, mais ils n'ont pas d'imagination. Continuons donc à y réfléchir, il reste du pain sur la planche.

## *Transcrire et transmettre*

Le système binaire permet d'exprimer tout nombre réel avec seulement deux symboles, 0 et 1. Un nombre, c'est déjà une information et même, dans le cas d'un nombre irrationnel, une infinité potentielle d'informations puisque son développement est infini non périodique. Que peut-on donc coder, ou transcrire, avec deux symboles ?

Gottfried Leibniz est peut-être le premier à avoir conçu l'idée radicale qu'avec deux symboles on pouvait *tout* coder. En son temps, cette remarque ne pouvait être que théorique même si Leibniz lui-même se préoccupait toujours de la réalisation pratique de ses idées. Mais elle s'est progressivement concrétisée : premiers exemples, le code morse est une transcription des textes au moyen de deux symboles, *ti* et *ta* ou « court » et « long », et l'alphabet braille à l'usage des aveugles ne comporte que la bosse et le creux. Autre exemple fondamental, les ordinateurs utilisent depuis plus de soixante ans le système binaire sous la forme « le courant passe » ou « le courant ne passe pas », avec une sophistication grandissante : nous sommes désormais bien loin des grosses machines construites après guerre par les équipes d'Abraham Taub et John von Neumann qui alignaient de véritables ampoules électriques. Et les armoires à bandes magnétiques, les cartes perforées des années 1970 ne sont déjà plus que des souvenirs. Pleinement entrés dans l'ère numérique, nous voici maintenant capables de transformer en suites de *bits* valant 0 ou 1 *Le Retour de l'enfant prodigue* de Rembrandt, le dernier discours de Martin Luther King, la photographie d'un jeune gille de Binche le mardi gras 2 mars 1976, le texte et les illustrations du présent livre, la démonstration du théorème d'incomplétude de Gödel, le génome humain... Tout, ou presque car le parfum de l'eau de Cologne de notre enfance nous échappe encore.

Considérons donc que le codage a été effectué, et appelons *information* une suite finie de 0 et de 1. Il est essentiel de pouvoir transmettre cette information sans faute, ou plus exactement d'être capables de détecter et de corriger les erreurs inévitables.

Ce problème de transmission exacte n'est pas nouveau. Dans les sociétés de tradition orale, on s'y attaquait en organisant les récits épiques (*Illiade*, *Odyssée*, Veda, sagas islandaises...) en poèmes pour les mémoriser, puisque la scansion et la rime fournissent un doublement de l'information qui protège de l'erreur : *bis repetita placent*. Comme nous l'avons tous expérimenté au temps du « par cœur », la poésie introduit une certaine *redondance* qui facilite l'apprentissage et la restitution du texte, mais aussi qui le rythme et l'embellit. C'est alors le talent du poète qui est en cause.

Les suites de 0 et de 1 ne suscitent aucune émotion esthétique, mais elles se prêtent bien à l'usage de la redondance. Nous allons illustrer ce point à l'aide d'un résultat fondateur de la théorie de l'information : le théorème de Shannon. Nous voulons transmettre des suites de $n$ bits valant 0 ou 1, suites que nous allons appeler des *mots*. Mais notre transmetteur est imparfait : à chaque bit, il peut se tromper avec une probabilité $p$ indépendamment de ce qu'il fait avec les autres bits. Si $p$ est égal à $1/2$, cela veut dire que notre transmetteur ne tient aucun compte du message qu'on cherche à lui faire transmettre, et nous n'avons d'autre choix pour lui que la poubelle ou la brocante. Si $p$ est supérieur à $1/2$, il est utile comme une boussole qui indiquerait plutôt le sud, et on peut le réparer en lui faisant dire 0 quand il disait 1, et inversement, ce qui remplace $p$ par $(1-p)$. Nous pouvons donc supposer que $p$ est strictement plus petite que 1/2. Nous voulons non seulement détecter la présence d'une erreur (comme on le fait par exemple avec la « clé » de deux chiffres adjointe aux numéros de Sécurité sociale) mais être capables de la corriger.

On appelle distance (de Hamming) entre deux mots de même longueur le nombre de bits dont ils diffèrent : par exemple, la distance entre 10010110 et 11010011 est égale à 3. Supposons que les mots que nous voulons transmettre soient éloignés les uns des autres relativement à cette distance, donc qu'il existe un entier $d$ tels que deux mots quelconques de notre vocabulaire soient à distance au moins $2d$. Il s'ensuit que les boules de rayon $d$ centrées en ces mots ne s'intersectent pas. Si notre transmetteur ne fait pas plus de $d$ fautes lorsqu'il transmet chaque mot, nous parviendrons donc malgré ses erreurs à reconstruire le message originel sans ambiguïté possible. Nous disposerons donc de ce qu'on appelle un code autocorrecteur.

Si la longueur $n$ de nos mots est assez grande, le calcul des probabilités nous dit que, si nous ne sommes pas trop malchanceux, il n'y aura guère plus de $pn$ bits erronés. Il suffit donc de trouver des mots à distance au moins $2pn$ les uns des autres pour que notre transmission soit très probablement fiable. Cela veut dire que nous voulons trouver dans l'espace (noté $M_n$) constitué des mots de longueur $n$, des boules de rayon $pn$ deux à deux disjointes, boules pour la distance de Hamming bien entendu. Notre problème de transmission est donc devenu un problème d'empilement des sphères !

Shannon a résolu ce problème en estimant le volume (c'est-à-dire le nombre de points) des boules pour la distance de Hamming, et en montrant par une prise au hasard des centres de ces boules qu'on pouvait trouver essentiellement $2^{(n(1-H(p))}$ boules disjointes de rayon $pn$ dans $M_n$, où $H$ est la fonction

$$H(p) = -p\ \log_2(p) - (1-p)\ \log_2(1-p).$$

Donc, si nous voulons transmettre avec un risque d'erreur très faible tous les mots de longueur $k$, qui sont au nombre de $2^k$, nous devons les mettre en correspondance avec des mots plus longs, de longueur $n = k(1 - H(p))^{-1}$. Il est raisonnable de considérer que le transmetteur émet ses bits à un rythme constant, et par conséquent l'allongement des mots va ralentir d'autant la transmission. Le théorème de Shannon peut maintenant s'exprimer d'une façon très concrète : on veut communiquer avec un risque d'erreur très faible des mots de longueur donnée $k$, *via* un transmetteur qui se trompe avec une probabilité $p$ à chaque bit qu'il transmet. Cela peut être fait en multipliant le temps de transmission par la quantité $(1 - H(p))^{-1}$. Si la probabilité d'erreur $p$ est petite, donc si le transmetteur est assez fiable, le temps de transmission sera multiplié par une quantité de l'ordre de $(1 - p \log_2(p))$, proche de 1. L'idée est donc d'ajouter à chaque mot une partie « junk » qui ne porte pas d'information, mais dont la fonction est de corriger les erreurs possibles. Une stratégie analogue préside peut-être à la transmission correcte de l'information génétique.

Le théorème de Shannon est un beau résultat théorique, mais bien sûr on ne peut pas s'en contenter. Il nous faut expliciter des codes autocorrecteurs, c'est-à-dire des collections aussi grandes que possible de sphères disjointes dans $M_n$. La méthode de Shannon utilise un argument probabiliste, qui montre l'existence de nombreuses solutions mais n'en donne pas. Pour comparer cela à une situation bien connue, pensons à la méthode de Cantor qui montre qu'à un ensemble dénombrable près tous les réels sont transcendants, et donc qu'un réel pris au hasard le sera presque sûrement, mais ne fournit aucun nombre transcendant explicite. Il faut donc procéder autrement, et à ce jour les meilleurs codes autocorrecteurs proviennent d'empilements très réguliers, tels que nous les avons entrevus à propos du groupe $E_8$ et de son système de racines (voir « Le polyèdre ultime »). Ces empilements spéciaux de sphères dans les espaces dont la dimension est divisible par 8 ont été découverts par les arithméticiens. Parmi eux, le réseau de Leech (découvert par Ernst Witt en 1940 puis redécouvert par John Leech en 1965) est un empilement optimal, ou presque, de sphères dans l'espace de dimension 24 qui conduit au code de Golay : 4 096 mots de longueur 24 qui diffèrent tous d'au moins 8 bits. La NASA, par exemple, a utilisé ce code pour la transmission des images en couleurs de Jupiter et de Saturne envoyées par les sondes Voyager. Il est toujours agréable de constater que les beaux objets que nous procurent les mathématiques prétendues pures sont également utiles. À ce jour, ce sont donc des réseaux pourvus de nombreuses symétries qui fournissent les codes autocorrecteurs, et non pas des points jetés au hasard. On peut penser que c'est dans la nature des choses : après tout, lorsqu'on empile aussi densément que possible des sphères de même rayon (des oranges par exemple, ou des boules de pétanque) dans l'espace usuel, les symétries sont bien là. Les abeilles le savent depuis plus longtemps que nous.

## *Des petits dessins*

Le mot « graphe » comporte diverses significations mathématiques. Nous nous intéressons ici aux graphes combinatoires : ils sont formés de points appelés sommets, en nombre fini dans les cas concrets, et d'arêtes – parfois orientées ou pondérées – qui joignent certains de ces points. Il est bien clair que ces graphes vont schématiser par exemple un réseau de personnes ou d'événements en interaction. Mais à quoi servent-ils ?

Ils servent à résoudre des problèmes. Exemple : voici un carrefour un peu compliqué (voir figure 11), il faut que le système de feux rouges interdise aux flux de voitures qui se croisent d'être au feu vert en même temps. Comment faire aussi simplement que possible ? Autre exemple : jour de grève à la gare du Nord, une partie des conducteurs sont là mais chacun d'entre eux ne peut conduire que certains des trains prévus. Comment répartir les conducteurs pour que tous les trains roulent, ou du moins le plus grand nombre ? Troisième exemple : dans une région tropicale, une maladie endémique est

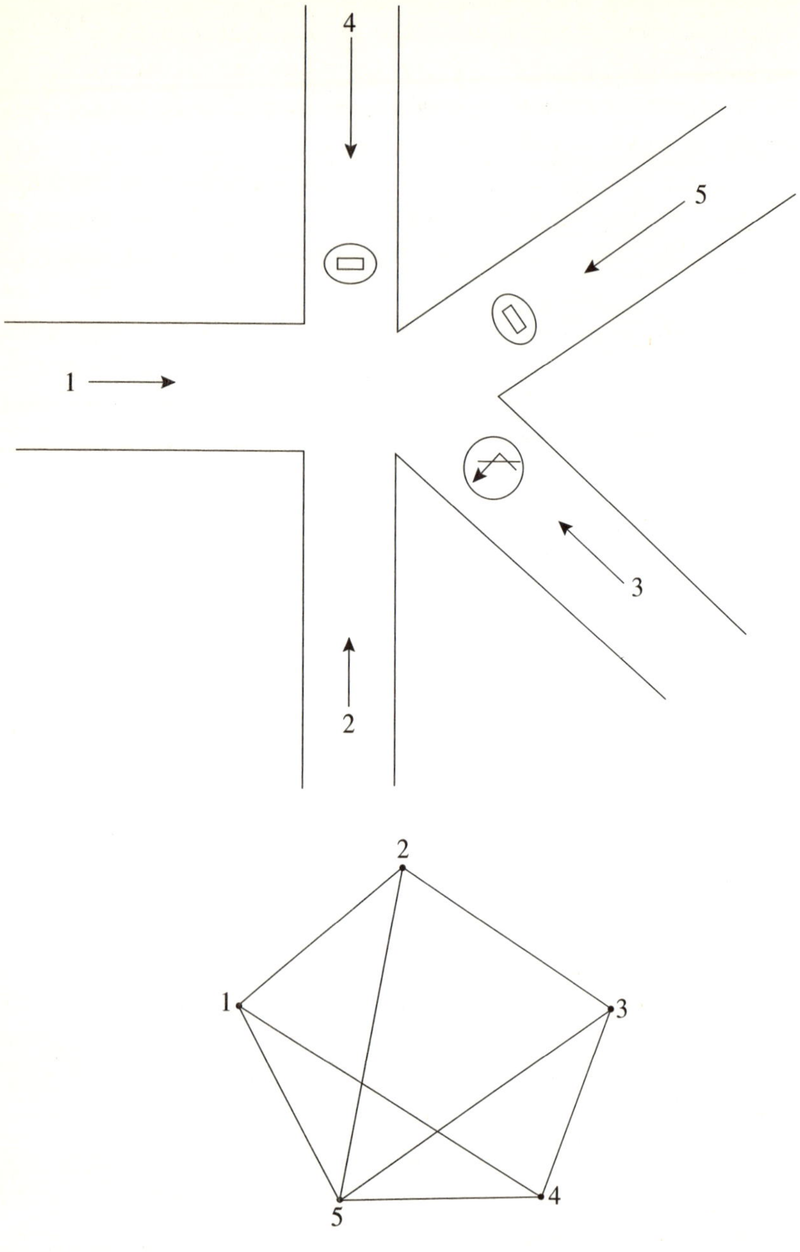


Figure 11
Un carrefour et son graphe

propagée par les piqûres d'insectes. La population se subdivise en malades M, immunisés I et non malades non immunisés S. En un mois, chaque individu a une certaine probabilité de passer d'un état à un autre, mais par exemple il ne passe pas d'immunisé à malade (voir figure 12). Une campagne de soins intensifs fait diminuer le nombre des malades. Mais il n'y a pas de vaccin, et les moustiques sont toujours là. Quels seront les effets durables de la campagne de soins ?

Ces trois problèmes, et d'autres bien plus complexes du même genre, relèvent de ce qu'on appelle la théorie des graphes. Le premier consiste à déterminer le nombre chromatique du graphe de la figure 11, où chaque flux est un sommet et où deux sommets sont liés par une arête si les flux correspondants se croisent. Le nombre chromatique est simplement le nombre de couleurs nécessaire pour colorer les sommets de façon que deux sommets reliés par une arête soient toujours de

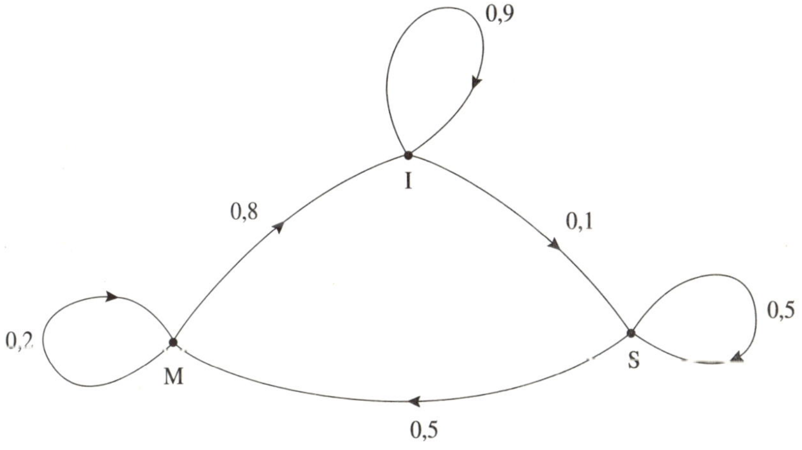


I = immunisé
M = malade
S = sain non immunisé

L'état d'équilibre est constitué de :
- 75,5 % de personnes immunisées,
- 15,1 % de personnes saines non immunisées
- 9,4 % de personnes malades

Figure 12
Le graphe d'une maladie tropicale

couleur différente. Le nombre chromatique d'un graphe est 2 exactement lorsque ce graphe ne contient pas de cycle de longueur impaire, mais à partir de 3 les critères manquent, et déterminer un nombre chromatique est un problème NP-complet (voir « Utiliser la dissymétrie »), donc difficile. Dans ce cas simple le lecteur vérifiera sans peine que le nombre chromatique vaut 3. Notre deuxième exemple est un problème d'appariement (*matching problem*, pour les anglophones) pour lequel existe un algorithme efficace, comme pour le problème plus général d'optimisation d'un flux dans un réseau qui relie une source et un but. Cet algorithme exhibe également les obstructions qui interdisent de faire mieux, et donc qui montrent l'optimalité des solutions trouvées. Le troisième problème, enfin, se modélise avec ce que l'on appelle un graphe markovien, et le calcul montre que la situation redevient rapidement ce qu'elle était avant la campagne de soins, avec dans cet exemple environ 10 % de personnes malades. Comme on pouvait s'y attendre, cela ne sert pas à grand-chose de soigner si l'on ne change pas les facteurs qui provoquent la maladie : il faut une campagne de vaccination ou d'éradication des moustiques, qui modifierait les coefficients du graphe de la figure 12. En d'autres termes, il faut modifier la matrice de transition, car c'est d'elle que dépend l'état d'équilibre et non des conditions initiales.

Voici quelques petits exemples de ce qu'on appelle parfois la recherche opérationnelle dans l'industrie et les entreprises, ou encore les mathématiques discrètes si l'on adopte un point de vue plus théorique. Le sujet est bien trop vaste pour être résumé en quelques lignes. Et un petit dessin vaut mieux qu'un long discours, dit-on. Donc, nous allons plutôt illustrer la révolution technologique de ces vingt dernières années en utilisant de nouveau les graphes.

Ceux-ci décrivent très bien les hiérarchies et les réseaux de communications. Les personnes concernées sont les sommets du graphe, une arête les relie si elles communiquent, et cette arête est orientée si cette communication est de nature hiérarchique. De ce point de vue, n'importe quel organigramme est un graphe, si on se concentre sur la structure en oubliant la dénomination donnée à chaque poste. Il est naturel de se concentrer sur les graphes connexes, c'est-à-dire tels qu'on puisse toujours trouver un chemin qui relie deux points quelconques.

Les graphes connexes qui comportent un nombre minimal d'arêtes s'appellent des *arbres* (voir figure 13). On peut hiérarchiser un arbre en choisissant pour racine l'un quelconque de ses points : les arbres généalogiques fournissent de bons exemples. Les arbres modélisent les nombres et les jeux (voir *L'AdN*, chapitres 7 et 10), mais limitons-nous à la communication. Parmi les graphes qui connectent un ensemble donné de points, les arbres ont le plus petit nombre d'arêtes possible : les institutions héritées du passé exhibent donc souvent une forme arborescente, vestige du temps où, la communication étant difficile, il fallait assurer la connexité à moindres frais. L'Église catholique et ses deux mille ans d'histoire fournissent un bon exemple. Les réseaux de résistance, d'espionnage ou de banditisme épousent également cette forme, puisqu'il faut s'assurer que la chute d'un membre aux mains de l'adversaire (ou sa trahison) compromettra le moins de monde possible. La communication arborescente est adaptée à la culture du secret.

Si, à l'inverse, l'essentiel est de ne pas être *déconnecté*, le graphe des communications sera riche du plus grand nombre possible d'arêtes. Internet est d'ailleurs historiquement issu d'un projet de l'armée américaine visant à sauvegarder la connexité de son système informatique en cas d'attaque. Le graphe immense qui modélise ce réseau se déploie dans un espace qui n'est ni physique ni géométrique mais combinatoire. Cet *espace virtuel*, déjà terrain de luttes sans merci entre codes et virus, est un nouveau monde promis à un grand avenir. Le graphe Internet en est un continent émergent que les moteurs de recherche parcourent en tous sens, créant sans cesse de nouvelles routes. Ses sommets sont les pages web, ses arêtes les liens, et les professionnels de la Toile suivent de près sa cartographie mouvante. Leurs algorithmes ne font pas partie du domaine public : ce sont des données stratégiques, armes de cyberconflits qui ne font que commencer.

Figure 13
Un arbre et un choix de racine

La *frontière* d'un graphe connexe est formée des sommets qui sont à l'extrémité d'une seule arête. Lorsqu'on rejoint par exemple le réseau Facebook à l'invitation d'une personne qui s'y trouve déjà, on fait partie de la frontière du graphe correspondant, brièvement en général puisqu'on s'empresse de créer de nouveaux liens. Facebook, produit emblématique de notre époque où la communication est immédiate et bon marché dans de nombreux pays, a donc une frontière limitée à ses zones de croissance, et très petite relativement à cinq cents millions d'utilisateurs dont aucun ne joue un rôle privilégié. Inversement, un arbre est ce que les géomètres appellent un espace hyperbolique, sa frontière est généralement grande, il existe surtout par ses feuilles. Reprenons l'exemple du graphe orienté de l'Église : un seul pape, une frontière d'un milliard de catholiques. Il ne fait aucun doute que cette structure, comme d'autres semblables, est aujourd'hui mise à l'épreuve par la croissance explosive des moyens de communication. Les réseaux se substituent aux hiérarchies. Bulldozers de l'espace virtuel, les ordinateurs font place nette pour les autoroutes de la communication, les graphes complets où chacun est connecté à tous. La voie est libre, la parole circule en tous sens. Le secret n'est plus de saison, mais nous voilà aux prises avec un nouveau souci : que reste-t-il de notre vie privée ?

## *De l'ordre dans le chaos*

Les jeux de dés, de cartes, d'osselets ou de tuiles (comme le mah-jong) figurent dans toutes les cultures. Prétexte au jeu, le hasard peut plus gravement décider d'un destin lors d'un tirage au sort. D'aucuns prétendent même, au mépris de tout bon sens, qu'il peut prédire l'avenir *via* la main experte qui vous « tire les cartes ». Le hasard, pense-t-on, c'est l'irrationnel, l'irrégulier, l'imprévisible, l'incontrôlable. La loterie est ce qui va changer ma vie, et enfin faire de moi un gagnant, c'est ma chance !

Les organisateurs de jeux de hasard, qu'il s'agisse de l'État ou des casinos, ont sur la question un point de vue nettement plus réaliste. Ils savent que, de ce hasard, objet de connaissance rationnelle, naît précisément le régulier, le prévisible, le contrôlé. Ils espèrent donc avec confiance un flux d'argent soutenu de la poche des parieurs vers la leur. Comment font-ils ?

Tout d'abord, ils ont compris un principe simple : *prendre une moyenne régularise*. C'est pourquoi une foule chante toujours juste. Prenons un exemple plus numérique : si je mesure chaque matin la taille de la première personne que je croise dans la rue, j'obtiendrai bien sûr un résultat très variable. Si je note chaque dimanche la moyenne des résultats obtenus sur la semaine, la variation sera beaucoup plus modeste. Et, si je fais cette moyenne sur trente jours, cette variation sera très probablement négligeable et j'obtiendrai à chaque fin de mois une bonne estimation de la taille moyenne des habitants de mon quartier, dans la mesure où le choix de la première personne croisée peut en effet être considéré comme un estimateur sans biais. Il est bien évident que l'espérance du gain d'un joueur de roulette sur ses tentatives successives, et *a fortiori* celle d'un ensemble de joueurs, est calculable. Il n'y a aucune place pour une quelconque surprise. En fait, c'est précisément parce que la roulette fonctionne lancer après lancer suivant un hasard reproductible que le calcul est possible, et d'ailleurs facile.

La pertinence de ce calcul repose sur la notion centrale d'*événements indépendants*. Par exemple : vous venez de sortir 4 en lançant un dé. Si vous rejouez, vous avez exactement 1 chance sur 6 de sortir à nouveau 4, sauf bien sûr si le dé est pipé. Cette notion est fréquemment mal comprise : ainsi, avec un dé il y a 1 chance sur 1 296 de sortir quatre fois de suite le nombre 5, par exemple. C'est peu. Cependant, si le 5 vient de sortir trois fois de suite, il a exactement 1 chance sur 6 de sortir une quatrième fois. *Dans un jeu de hasard pur, le passé ne dit rien du futur*. On exprime ce fait évident en disant que les tirages successifs sont indépendants. Mais bien des joueurs cherchent la régularité précisément où elle n'est pas, en imaginant par exemple que, si tel numéro est beaucoup sorti à la roulette en début de soirée, il sortira moins souvent en fin de soirée pour équilibrer la fréquence. Pourquoi, par quelle opération ? Mystère, et pour cause.

Par ailleurs, les professionnels des jeux de hasard ont eu très tôt la bonne idée de consulter des mathématiciens. Nous pouvons même les créditer d'avoir fait naître la théorie des probabilités. Parmi les premiers calculs qui nous soient parvenus figurent ceux de Blaise Pascal. Ils sont motivés par une question d'un joueur de ses amis, le chevalier de Méré, sur le « problème des partis ». Plus tard, la théorie des martingales se mettra en place pour établir qu'aucune stratégie à la roulette ne permet de vaincre la banque, c'est-à-dire que l'espérance de gain est toujours strictement négative quelle que soit la stratégie adoptée, à une exception près : le refus de jouer, auquel cas elle est nulle. Il est piquant de noter au passage que les jeux proposés dans les casinos n'évoluent guère et continuent à attirer des clients, alors qu'il est prouvé depuis longtemps que ces jeux sont nettement déséquilibrés au détriment des joueurs. On peut en conclure que ceux-ci ne s'intéressent pas aux mathématiques et préfèrent croire que la chance leur sourira aux dépens des autres joueurs, dont ils n'ont cure.

Pour construire par exemple la théorie des martingales, il a fallu modéliser convenablement la notion de prise au hasard, avec ce qu'on appelle depuis Kolmogorov un espace de probabilité, en adoptant le point de vue de Lebesgue sur l'intégration (voir « Plus de variables, des fonctions ! »). Ces martingales fournissent les premiers exemples de *processus aléatoires*, c'est-à-dire de familles de variables aléatoires indexées par le temps : dans le cas d'un jeu de hasard, le temps n'est rien d'autre que le nombre $n$ de parties jouées, et la variable est le gain (ou la perte) après ces $n$ parties. Les processus sont au cœur de la théorie moderne des probabilités (voir « Le mouvement brownien »), mais ce n'est pas le lieu d'exposer celle-ci en détail. Bornons-nous à relever l'emploi de mots chargés d'émotion pour désigner les concepts probabilistes : nombre de chances, espérance d'une variable, succès, aléas... Ce trait qui distingue uniquement la théorie des probabilités des autres branches des mathématiques est une séquelle des tripots qui l'ont vu naître, renforcée par les pratiques des économistes et des statisticiens. Au cœur de ces pratiques figure la famille royale des *distributions gaussiennes*.

Prendre une moyenne régularise, nous le savons. Mais il n'est pas pensable de se contenter de ce principe général, nous devons en établir des versions quantitatives. Pour affiner la mesure d'un phénomène, il faut bien sûr répéter l'opération un certain nombre de fois et faire la moyenne des résultats obtenus, qu'il s'agisse d'astronomie, de médecine ou de sociologie. Mais combien de fois devons-nous mesurer pour obtenir une précision donnée ? Et comment nos résultats vont-ils se répartir autour de la moyenne ? Y a-t-il une répartition universelle, qui ne dépendrait pas du phénomène à mesurer ?

Abraham de Moivre (1667-1754) a entrevu dès 1738 cette répartition universelle dans son livre *The Doctrine of Chance*. Les travaux ultérieurs et plus précis de Gauss et de Laplace font qu'elle est maintenant appelée la distribution gaussienne, ou encore la distribution normale. Son omniprésence découle du *théorème de la limite centrée*, en bref, le TLC, dont voici l'énoncé : soit $X$ une variable aléatoire de carré intégrable, d'espérance finie $m$ et d'écart-type $\sigma$. Soient $X_1$, $X_2$, .... $X_n$ des copies indépendantes de la variable $X$, et soit $x$ un nombre réel positif. Quand $n$ tend vers l'infini, la probabilité que la valeur absolue de la différence entre la moyenne des variables $\frac{1}{n}(X_1 + X_2 + .... X_n)$ et $m$ soit supérieure à $\frac{\sigma x}{\sqrt{n}}$ tend vers la valeur

$$\sqrt{\frac{2}{\pi}}\int_x^{+\infty} e^{-t^2/2}dt.$$

Il peut être utile d'expliquer le sens de cet énoncé technique. Les copies indépendantes de $X$ modélisent la répétition de l'expérience. La moyenne des $X_i$ converge vers $m$, c'est ce qu'on appelle la loi des grands nombres. Mais le TLC nous dit précisément que, si nous calculons cette moyenne après avoir répété l'expérience $n$ fois, la précision de l'approximation sera avec une grande probabilité de l'ordre de $\frac{1}{\sqrt{n}}$. De plus, les valeurs éloignées de $m$ seront rares, et cette rareté sera très précisément mesurée par la courbe de Gauss, encore appelée courbe en cloche du fait de sa forme. *Le chaos local devient donc, lorsqu'on prend une moyenne, un ordre global*. Et la grande variabilité des données n'empêche pas leur moyenne d'être irrévocablement ajustée à la distribution gaussienne, dès lors que $n$ est assez grand. Le propriétaire d'un casino ne sait pas quel est le prochain nombre qui va sortir à la roulette, de même que le climatologue est incapable de prévoir le temps du mois prochain. Mais le premier dispose d'une bonne estimation de ses gains annuels, et le second a d'excellentes raisons de parler de réchauffement climatique.

Voici par exemple une utilisation concrète du TLC : on cherche à déterminer la taille d'un échantillon qui permettra de situer l'espérance d'une certaine variable (par exemple, les résultats d'une élection) dans un intervalle de taille prescrite avec une confiance raisonnable, typiquement 95 %, mais on ne connaît pas cette variable et en particulier on ne connaît pas son écart-type $\sigma$. Une première petite série de mesures nous donnera une estimation de cet écart-type, puis le TLC nous donnera la valeur de $n$, autrement dit la taille de l'échantillon à considérer – de l'ordre de 1 000 personnes, pour un sondage électoral en France – pour encadrer l'espérance avec la précision voulue, avec une probabilité de 95 %. Il est donc clair que le TLC est d'une importance capitale pour les instituts de sondage, qui doivent également s'assurer que l'échantillon est convenablement choisi. Car l'*indépendance* des réponses obtenues doit être effective pour que cet échantillon soit représentatif, et pour que le calcul colle bien à la réalité : s'il s'agit par exemple d'un sondage sur la pratique religieuse, il serait maladroit d'interroger à la sortie de la messe. Enfin, toutes les précautions étant prises, les sondages ne peuvent donner une fourchette qu'avec l'avertissement que le vrai résultat est dans cette fourchette avec une probabilité de 95 % (par exemple). Cet avertissement est généralement ignoré par les utilisateurs des sondages, ou par les journalistes qui les commentent. Il faut pourtant le savoir : ce n'est pas qu'on s'y prend mal, cette incertitude inévitable est dans la nature des choses.

Le TLC relève de l'analyse hilbertienne (voir « L'espace de Hilbert »), comme sa forme le suggère : les variables indépendantes $X_i$ sont orthogonales et, une fois centrées, leur norme dans cet espace est $\sigma$. Le théorème de Pythagore nous dit alors que la norme de leur somme est $\sigma\sqrt{n}$, d'où l'expression du terme d'erreur. Une des démonstrations du TLC, qui repose sur le fait que la fonction de Gauss est sa propre transformée de Fourier, n'est pas très difficile. Mais il est sans doute plus utile d'approfondir son aspect géométrique : la distribution gaussienne est la limite quand $n$ tend vers l'infini des distributions obtenues en projetant sur l'axe des pôles la mesure uniforme sur une sphère de dimension $n$ et de rayon $\sqrt{n}$. L'omniprésence des distributions gaussiennes est donc l'expression du fait déjà rencontré que les sphères sont au centre de l'espace des figures géométriques. Cette universalité s'étend d'ailleurs au-delà du calcul d'erreurs ou des applications statistiques, et on peut remplacer les variables indépendantes $X_i/n$ par d'autres variables. Bornons-nous à en déduire un principe général : *la distribution des grandeurs qui dépendent d'un grand nombre de petits facteurs indépendants est souvent proche d'une distribution gaussienne*. C'est en particulier le cas de la plupart des données biologiques : la taille et le poids des individus d'une quelconque espèce – la nôtre par exemple – sont de bons exemples.

Les distributions gaussiennes ont été découvertes voici plus de deux siècles. Le TLC est donc un résultat vénérable, ce qui ne diminue en rien son importance. Nous verrons bientôt l'usage qu'en ont fait la thermodynamique puis les mathématiques financières. En outre, le TLC a désormais un rejeton : les mathématiques contemporaines ont en effet découvert de nouveaux universels, à partir de la loi du demi-cercle énoncée par le physicien Eugene Wigner. Cette loi, qui est un analogue non commutatif du TLC, décrit la répartition des valeurs propres d'une matrice aléatoire. Elle énonce qu'en grande dimension, c'est un demi-cercle de rayon 1 qui remplace la courbe de Gauss. Mal à l'aise avec la physique quantique, Albert Einstein avait affirmé assez maladroitement que « Dieu ne joue pas aux dés ». C'est pourtant bien la mécanique quantique qui a rapproché le calcul des probabilités de l'algèbre linéaire non commutative, et cette interface dont fait partie la loi de Wigner est aujourd'hui une zone très active de la recherche mathématique. Il est plus sage de nous arrêter là : bornons-nous à mentionner que la répartition des zéros de la fonction $\zeta$ sur la droite critique n'est pas étrangère à ces nouveaux universels. Ici encore, l'hypothèse de Riemann se profile au loin.

Nous savons désormais modéliser le hasard puis utiliser avec succès nos modélisations dans toutes sortes de situations concrètes. Mais il reste un point délicat : comment l'engendrer ? En sommes-nous capables sans le recours à un outil auxiliaire – dé à jouer, jeu de cartes, livre de nombres aléatoires, boules de loto ou générateur informatique de hasard ? Il semble que non. Prenons un exemple : si vous enseignez, demandez un jour à chaque élève de votre classe de choisir un nombre au hasard entre 0 et 10. La proportion de 7 vous étonnera. Bien sûr, on peut dire que cet exercice est sans enjeu. Mais voici un exemple plus motivant : la fraude fiscale ! Il est établi que les chiffres qui figurent dans une base de données comptables sincères obéissent à la loi établie en 1938 par Benford : la probabilité que le premier chiffre soit égal à $d$ est égale à $\log_{10}(1 + 1/d)$. Par exemple, il y a plus de 30 % de chances que ce premier chiffre soit 1 et moins de 5 % qu'il soit égal à 9. Le lecteur pourra s'amuser à vérifier cette loi sur les ensembles de nombres à sa disposition : les prix affichés à l'épicerie du coin, la population des communes françaises ou le cours des matières premières donné par son journal quotidien. Mais cette loi de Benford ne fait pas qu'amuser : les agents de l'Internal Revenue Service – l'administration américaine des impôts – s'en servent depuis longtemps pour détecter les déclarations mensongères. Car c'est ainsi, nous ne savons pas imiter l'aléatoire véritable. Dommage : ce serait précieux quand on veut cacher son jeu.

Les mathématiques savent donner un sens précis et utilisable à l'expression : prendre au hasard une carte, un nombre, un point. Et chacun, sans trop y penser, évoque le hasard dans sa vie quotidienne. Mais il en va de celui-ci comme du temps qui passe : nous le subissons sans pouvoir l'engendrer. Et nous savons ce que c'est tant qu'on ne nous le demande pas. Réfléchissons-y encore : le hasard, qu'est-ce que c'est ?

CHAPITRE VII

# LA MATHÉMATIQUE DANS TOUS SES ÉTATS

Le profil blanc de la Bernina se découpe sur le ciel bleu de la haute Engadine. Il domine le torrent de fonte du glacier Morteratsch qui bondit en grondant vers la vallée. Sur la rive, quelques marcheurs se réconfortent en sirotant un thé fumant... Fin de la carte postale de vacances. Elle n'a d'autre but que de rassembler glace, eau et vapeur d'eau sur une même image. Et d'illustrer le fait banal que la matière se présente à nous en trois états : solide, liquide et gazeux.

C'est évident, n'est-ce pas ? Et personne ne s'en étonne. Pourtant, si un enfant nous demande *pourquoi* c'est comme ça, il n'est pas si facile de lui répondre. Ne nous contentons donc pas de l'évidence quand il y a matière à penser. Car ces trois états constituent notre environnement quotidien. Ils structurent également notre réflexion, en donnant lieu à d'innombrables métaphores.

Les mathématiques modélisent naturellement cette structuration fondamentale. Elles en sont également le sujet. Nous invitons donc le lecteur à découvrir ce chapitre en s'aidant d'un fil rouge suggéré par la modélisation mathématique. Aux trois états de la matière qui nous entoure répondent, discipline par discipline, trois niveaux de complexité croissante que nous allons parcourir : *le statique, le dynamique, l'aléatoire*.

## *Les trois phases*

Chacun sait donc que la matière qui nous entoure et qui nous constitue existe sous trois états, ou trois phases : solide, liquide et gazeuse. Au niveau de la mer, l'eau devient vapeur à 100 °C. Mais au sommet du mont Blanc la température d'ébullition est de 85 °C. D'autre part, il existe des sources sous-marines dont la température est très supérieure à 100 °C. L'état d'un composé chimique dépend donc de la température et de la pression, et cette dépendance est décrite par un *diagramme de phase* : la figure 14 donne celui de l'eau, l'un des rares corps qui présente ses trois phases dans les conditions naturelles sur la Terre. Notons au passage que cette représentation graphique établit pour chaque composé l'existence d'un point triple, où les trois phases coexistent : dans le cas de l'eau, c'est à la pression de 0,006 atmosphère et à la température de 0,1 degré.

Les métaphores thermodynamiques nourrissent le vocabulaire politique et économique : oppression, expansion, surchauffe, gel, inflation, évaporation, bulle, déflation, volatilité...

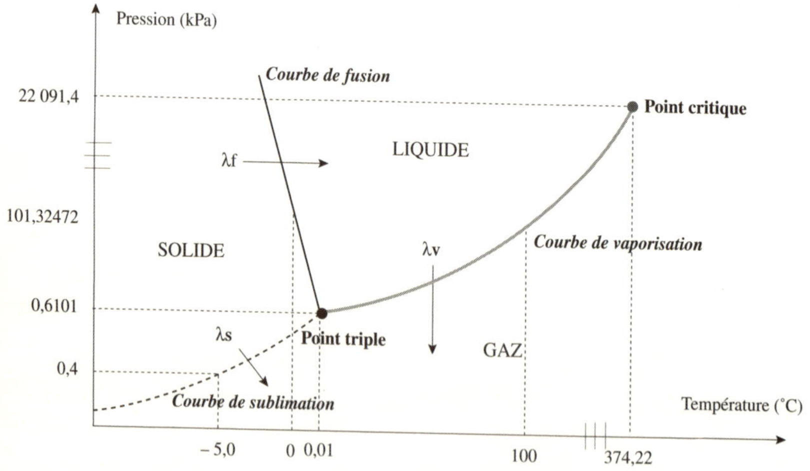


Figure 14
Le diagramme de phase de l'eau

L'analogie puissance publique/pression et économie/température est tentante. Étant entendu que les molécules jouent le rôle des citoyens, on se prend à comparer l'état solide avec la dictature, l'état liquide avec la démocratie, et peut-être l'état gazeux avec le capitalisme postdérégulation. On peut même se laisser aller à un parallèle entre changements de phase et évolutions politiques majeures, et penser qu'un pays particulièrement instable, la Russie à la chute de Gorbatchev par exemple, peut passer brièvement par une sorte de point triple. Mais ces comparaisons sont audacieuses et en tout état de cause qualitatives, et il est plus prudent d'étayer l'analogie par des données mathématiques précises : nous verrons ci-dessous que le même outil mathématique, le mouvement brownien, modélise la propagation de la chaleur, la dynamique des gaz et celle des marchés financiers.

Avant d'en arriver là, observons la présence des trois phases dans notre histoire. Les sociétés archaïques étaient culturellement statiques : par exemple, on estime que les Aborigènes sont arrivés en Australie voici environ quarante-cinq mille ans. Ils y sont restés au stade paléolithique jusqu'au XIXe siècle. Pendant ces mille cinq cents générations où ils ont vécu isolés du reste de l'humanité, porteurs de leur mémoire ancestrale dans le temps du rêve, leur mode de vie n'a donc essentiellement pas évolué. Mais l'histoire a remplacé la préhistoire, et le progrès s'est accéléré jusqu'à changer le monde dans la durée d'une vie humaine, puis plus vite encore. Cette époque dynamique, dans laquelle ma génération a grandi, était encore assez orientée pour laisser une place aux grands mythes eschatologiques : lutte finale, temps messianiques, harmonie universelle… On ne se baigne jamais deux fois dans le même fleuve, nous a appris Héraclite. Certes, mais à ce stade la stabilité ne fait que changer d'objet : le fleuve s'écoule toujours dans le même sens, de la source à la mer. Cette fluidité rassurante n'est peut-être plus de saison. On est tenté de croire qu'un nouveau chapitre s'ouvre à présent, où le rôle majeur serait joué par des processus aléatoires, où la température de la société serait désormais trop élevée et les interactions, trop fréquentes pour que subsiste une quelconque pérennité de carrière ou de vie.

Et où notre horizon ne porterait d'autre promesse que la disparition inéluctable de toute structure sociale, biologique ou physique, sous la loi d'airain de l'entropie croissante.

Sommes-nous disposés à ce changement de phase ? En d'autres termes, à changer radicalement d'échelle de temps ? Protagoras, qui a affirmé que l'homme est la mesure de toute chose, répondrait négativement. Appliquons sa maxime au temps. Une bonne partie de notre humanité espère la vie éternelle. Une non moins bonne partie insiste sur cette vie et rien d'autre. Temps des dieux, temps des hommes, on peut en disputer, mais là n'est plus la question. Car c'est bien au rythme des machines que s'intéressent les secteurs les plus innovants de la société technologique. Ainsi, Wall Street mesure aujourd'hui la vitesse de ses transactions financières (opérées bien entendu par des ordinateurs programmés pour cela) non plus en secondes ou en millisecondes, mais en microsecondes, dans une course au délai zéro qui ne reconnaît d'autre limite que la vitesse de la lumière. C'est au prix de ces changements d'unité que la planète financière achève de mimer l'agitation thermique des gaz, où l'aléatoire déploie toute sa puissance de modélisation (voir ci-après « L'argent gazeux »). Et que cette agitation se propage diversement à des pans entiers de l'économie réelle, où l'on travaille au rythme humain, et pour cause. Il est permis de se demander si c'est juste.

## *Le mouvement brownien*

En 1827, le botaniste Robert Brown contemple avec un puissant microscope des grains de pollen en suspension dans un liquide et constate que l'intérieur de ces grains vibre sans cesse. Quelle est la cause de ce mouvement ? Faut-il y voir une manifestation de la vie ? Ou est-on en présence du mouvement perpétuel ? Ces questions étaient à l'ordre du jour au début du XIX<sup>e</sup> siècle. Mais nous savons désormais que ce mouvement brownien résulte de l'agitation thermique et du mouvement incessant des molécules qui constituent chaque corps physique.

L'énergie de ce mouvement est mesurée par la température de ce corps. L'immobilité serait au zéro absolu (0 °K, – 273,15 °C), mais cet état limite est physiquement impossible à atteindre. Rien n'est donc immobile, pourvu que l'on regarde d'assez près.

L'expérience montre que la température d'un corps solide tend à s'équilibrer : si l'on plonge un tisonnier dans le feu, la chaleur se diffusera vers l'extrémité froide. Si on l'éloigne de la source de chaleur, la température s'uniformisera progressivement. La température d'un point chaud diminuera d'autant plus vite que les points voisins seront froids, et inversement. Ces constatations expérimentales ont été précisées dès le XVIIIe siècle par l'*équation de la chaleur* : si $F(t,x,y,z)$ est la température d'un solide homogène au point de coordonnées $(x,y,z)$ et au temps $t$, on a

$$\partial F/\partial t = c^2(\partial^2 F/\partial x^2 + \partial^2 F/\partial y^2 + \partial^2 F/\partial z^2) = c^2\Delta F$$

où l'on note comme de coutume $\Delta F$ le « Laplacien » de $F$. La constante $c$ mesure la capacité du solide considéré à propager la chaleur. Cette équation conduira Jean-Baptiste Joseph Fourier à poser en 1807 les bases de la théorie qui porte son nom. Si le solide est à l'équilibre thermique, c'est-à-dire si $F$ ne varie plus dans le temps, on a $\Delta F = 0$, et $F$ est donc ce qu'on appelle une *fonction harmonique*. Ces fonctions sont caractérisées par le fait que leur valeur en chaque point $M$ est égale à leur moyenne sur les sphères centrées en $M$, ce qui est parfaitement en accord avec notre intuition : en tout point, le chaud et le froid doivent s'équilibrer. Si la température à la frontière du solide à l'équilibre thermique est imposée par les conditions extérieures, la physique suggère que la température en chaque point est déterminée. En termes mathématiques, cela veut dire qu'il existe une et une seule fonction harmonique sur le solide qui prend des valeurs données sur le bord. Le calcul de cette fonction a beaucoup occupé les analystes du XIXe siècle : c'est ce qu'on appelle le *problème de Dirichlet*, d'autant plus important que le potentiel électrique est lui aussi une fonction harmonique, déterminée par la répartition des charges.

L'énergie thermique se diffuse dans un solide mais pas les molécules elles-mêmes. Il en va tout autrement dans un liquide (versez du lait dans votre café pour le vérifier) et surtout dans un gaz, comme tous ceux qui habitent à proximité d'une industrie chimique le confirmeront. Après les travaux fondateurs de Ludwig Boltzmann, Albert Einstein lui-même étudiera cette diffusion pendant sa *golden year* de 1905, puis Paul Langevin. Il faudra cependant attendre 1923 pour que Norbert Wiener établisse une formalisation rigoureuse du mouvement brownien des molécules d'un gaz, basée sur les processus aléatoires. Esquissons sa démarche.

Nous devons prendre en compte différents facteurs. Il est impossible de suivre la trajectoire d'une seule molécule. Et ce serait d'ailleurs inutile, ce qui importe est le comportement statistique. Pour donner un ordre de grandeur, rappelons qu'une mole de gaz pur, soit 22,4 litres dans les conditions normales, comprend à peu près $6{,}02 \times 10^{23}$ molécules : c'est le nombre d'Avogadro. Un ensemble homogène réunissant un grand nombre d'éléments interchangeables se prête naturellement à une modélisation probabiliste. Il faut de plus intégrer le fait que le passé d'une molécule ne dit rien de son parcours futur : nous avons affaire à des trajectoires qui changent à chaque instant de direction et de vitesse, aucune tangente n'est disponible qui nous permettrait d'extrapoler le mouvement. Ce phénomène est à rapprocher de l'indépendance probabiliste : comme dans un jeu de hasard pur, le futur est indépendant du passé. Nous allons donc utiliser des processus appelés martingales, issus de la théorie des jeux de hasard. Enfin, l'état gazeux présente à l'équilibre une entropie maximale, autrement dit une organisation minimale des molécules, c'est l'anticristal en quelque sorte. C'est l'une des raisons qui suggère la présence de la distribution qui mesure le défaut d'information, sous la forme d'estimation d'erreur, de parasite ou de bruit blanc : la distribution gaussienne (voir « De l'ordre dans le chaos »).

Pour intégrer tout cela, Norbert Wiener définit une mesure sur l'espace des trajectoires continues, qui détermine la probabilité de chaque classe de trajectoires : par exemple, la probabilité de toucher un obstacle dans une zone donnée. La position d'une particule au temps $t$ est une variable aléatoire $W_t$ sur cet espace de probabilité. Ces variables $(W_t)$ forment ce que l'on appelle un *processus aléatoire*. Les accroissements $(W_t - W_s)$ sur des intervalles de temps disjoints sont indépendants, et leur distribution est gaussienne. Les trajectoires ont presque sûrement une variation infinie. Conformément à l'intuition du physicien Jean Perrin qui rapprochait le mouvement brownien « des fonctions continues sans dérivées des mathématiciens » (découvertes par Riemann au milieu du XIX^e siècle), elles n'ont presque sûrement de tangente en aucun point, mais elles sont de variation quadratique finie, comme l'impose la finitude de l'énergie disponible. Enfin, les trajectoires browniennes sont invariantes par changement d'échelle, ce sont en d'autres termes des figures fractales.

Nous venons donc de décrire ce qu'on appelle bien sûr la mesure de Wiener. Son utilité va bien au-delà de la thermodynamique : par exemple, elle permet de résoudre le problème de Dirichlet dont nous avons parlé plus haut par la méthode dite « de Monte-Carlo » puisqu'elle repose sur des arguments probabilistes issus de la théorie de jeux de hasard. Soit $U$ un domaine borné de l'espace, et soit $f$ une fonction définie sur la frontière de $U$ qu'on cherche à étendre à une fonction harmonique $F$ sur $U$. En partant d'un point $x$ quelconque, on parcourt au hasard une trajectoire brownienne jusqu'à ce qu'on touche la frontière en un point $\omega$ qui dépend bien sûr de cette trajectoire. La valeur $F(x)$ est alors l'intégrale de $f(\omega)$ par rapport à la mesure de Wiener, et la propriété d'harmonicité s'ensuit de la remarque triviale que, lorsqu'on se déplace au hasard en partant du centre d'une sphère, on a la même chance d'atteindre chacun des points de la sphère. Lorsqu'on l'applique au potentiel électrique, cette méthode rend compte des effets de pointe : nous comprenons maintenant pourquoi la foudre tombe plus souvent sur les clochers que dans les fossés.

De la chaleur à la foudre en passant par la roulette et la diffusion des odeurs : les processus aléatoires unifient des thèmes qu'on aurait pu croire très éloignés. Mais ce n'est pas tout. En route pour la Bourse !

## *L'argent gazeux*

L'origine du troc se perd dans le passé, et on ne connaît guère de communauté qui vive sans quelque échange commercial entre ses membres ou avec les communautés voisines. À ce premier stade du commerce, les objets échangés sont indivisibles, donc parfois sources de tension. L'entrée dans l'histoire impose de dépasser ce stade, et de parvenir au concept de monnaie. Celle-ci a été découverte indépendamment par quantité de sociétés sous les formes les plus diverses, dont un point commun reste la rareté du matériau employé, aussi longtemps que cette monnaie d'échange est matérialisée. Ainsi, des coquillages appelés cauris sont utilisés en Afrique de l'Ouest, de lourdes roues de pierre en Micronésie et des thalers de Marie-Thérèse en Éthiopie. Le monde méditerranéen a préféré utiliser des métaux brillants mais trop mous pour faire de bonnes armes : l'or et l'argent. Tant et si bien qu'en hébreu comme en français un métal et la monnaie sont maintenant désignés par le même terme.

Parlons donc d'argent, et plus précisément d'*argent liquide*. Le liquide dont il est question ici n'a rien de métallurgique : ce qui le distingue du solide, c'est qu'on peut le diviser en parties arbitrairement petites. Pour imiter cette divisibilité, la puissance publique doit créer une échelle monétaire, constituée des multiples d'une commune mesure insécable. Avec cet argent liquide, on peut procéder aux transactions mathématiquement équitables que le troc ne permet pas. Il faut s'efforcer cependant de donner à la plus petite unité monétaire, impossible à diviser par définition, une valeur assez infime pour ne pas générer de conflit : à Paris, celle-ci s'appelait la *maille* jusqu'au XVII^e siècle, et quand deux hommes avaient « maille à partir » (à partager, dans le français d'alors), la bagarre n'était pas loin !

La monnaie permet bien sûr des échanges d'autant plus nombreux et plus rapides qu'elle est dématérialisée : rappelons que le monde financier ne s'intéresse pas à la masse monétaire $m$ mais à la quantité de mouvement $m \times v$ qu'elle engendre. Illustrons cela par un exemple, ou plutôt un contre-exemple : le peuple français dispose d'une réserve d'or difficile à estimer mais peut-être importante, fruit de mille ans de paysannerie habitée d'une méfiance atavique à l'égard du pouvoir dans un pays foncièrement riche. Une bonne proportion de ces pièces et de ces lingots se perd tout simplement, quand grand-père emporte dans la tombe le secret de sa cachette au fond du jardin, ou de son compte en Suisse. Mais, même quand l'or des Français ne se perd pas, il ne quitte guère les bas de laine – et maintenant les coffres-forts – dans l'attente de lendemains qui seront toujours pires. Cette fortune statique ne sert donc à rien, sinon à rassurer ses frileux propriétaires. Le dynamisme économique invite au contraire à une circulation maximale des valeurs. Dans ce but, la dématérialisation de la monnaie s'est faite (et continue à se faire) en plusieurs étapes : aux pièces lourdes et incommodes se sont substituées des lettres de change puis des billets, et à ceux-ci des cartes bancaires. Depuis une vingtaine d'années, la dernière étape a commencé avec la disparition progressive de tout support matériel : l'argent n'est plus qu'un nombre qui s'affiche sur l'écran de nos ordinateurs, et les transactions se font en quelques clics.

L'évolution technologique s'est accompagnée de deux changements culturels. L'argent est devenu une marchandise comme une autre, en rupture avec les traditions religieuses monothéistes. La dérégulation a diminué la pression politique en permettant aux banques d'émettre massivement, en toute légalité, ce qu'on aurait autrefois qualifié de fausse monnaie : à savoir, des valeurs financières qui échappent au contrôle régalien des États. La dématérialisation complète des produits financiers a alors permis aux outils informatiques de déployer toute leur puissance, jusqu'à provoquer une véritable transition de phase. Le lecteur ne s'étonnera donc pas de voir l'aléatoire, et en premier lieu le mouvement brownien, jouer un rôle majeur dans ce passage de l'argent liquide à l'*argent gazeux*. Soyons maintenant plus précis.

Un premier point à souligner est l'évolution de l'échelle de temps : c'est peu dire que désormais chaque seconde compte. L'entreprise New York Stock Exchange Technologies a mis au point en 2009 une plate-forme qui prend entre 10 et 40 microsecondes pour transférer un message, typiquement un ordre de vente ou d'achat, pourvu bien sûr que la distance entre émetteur et récepteur soit assez petite car l'indépassable vitesse de la lumière devient cruciale à ce stade : en 1 microseconde, la lumière parcourt 300 mètres ! Les compagnies sont donc obligées de se rapprocher géographiquement, et une grande colocation est en construction à Mahwah, New Jersey. Pour vertigineuse qu'elle soit, cette course au zéro n'est pas complètement nouvelle. Dès la Renaissance, les usuriers italiens utilisaient les intérêts composés : si l'on prête au taux nominal annuel de $x\,\%$ et que les intérêts sont capitalisés $n$ fois par an, la somme due sera multipliée chaque année par $(1 + x/100n)^n$. Lorsque $n$ tend vers l'infini, autrement dit lorsque les intérêts sont capitalisés (c'est-à-dire incorporés à la somme due) à chaque instant, cette quantité croît vers $e^{x/100}$. Cette capitalisation frénétique – sans doute envisagée dès le XVII^e^ siècle – fait le lien avec la pointe des mathématiques de l'époque : les logarithmes, la fonction exponentielle, et l'équation différentielle $y' = ay$. C'est alors le temps où les physiciens parviennent à comprendre les mouvements simples, au moyen d'équations différentielles. Nous allons voir que la finance contemporaine s'appuie quant à elle, comme on le devine, sur les mathématiques du XX^e^ siècle.

Les temps modernes de la finance ont commencé en 1900, avec la thèse soutenue à la Sorbonne par Louis Bachelier sous le titre *Théorie de la spéculation*. Soit $X_t$ la variable aléatoire qui désigne le prix d'une action au temps $t$, et soit $F(t,x)$ la fonction de répartition correspondante, c'est-à-dire la probabilité pour que $X_t$ soit supérieure à $x$. Par un raisonnement simple et astucieux, Bachelier montre que cette fonction satisfait l'équation de la chaleur en dimension 1, soit

$$\frac{\partial F}{\partial t} = \frac{\sigma^2}{2}\frac{\partial^2 F}{\partial x^2}.$$

Le coefficient $\sigma^2$ est l'analogue du $c^2$ qui mesure la capacité d'un solide à conduire la chaleur. Bachelier l'appelle le coefficient d'instabilité, mais on l'appelle aujourd'hui la *volatilité*. Dans l'argument de Bachelier, le rôle de l'équilibre thermique est joué par l'hypothèse raisonnable suivante : lorsque l'action se trouve au juste prix, elle a exactement une chance sur deux d'augmenter. L'équation de la chaleur implique naturellement que le prix de l'action est une trajectoire de mouvement brownien, que Bachelier est ainsi le premier à étudier.

Henri Poincaré, rapporteur de la thèse, commentera le résultat en notant sobrement qu'« un instant de réflexion convainc qu'il en est bien ainsi ». Mais Poincaré était notoirement rapide. La thèse de Bachelier sera par contre ignorée par les financiers pendant plus de soixante ans, jusqu'aux travaux de Paul Samuelson reliant augmentation relative du prix d'une action et mouvement brownien géométrique. Pourtant, les confirmations expérimentales des hypothèses de Bachelier ne manquent pas : examinez dans n'importe quel quotidien l'évolution du prix d'une action ou du taux de change entre deux devises. La ressemblance avec une trajectoire brownienne saute aux yeux (voir figure 15). La très grande variation de la fonction permet clairement à ceux qui savent vendre et racheter aux bons moments de faire un bénéfice conséquent. Cette idée n'est pas nouvelle : Pline l'Ancien la fait remonter à Démocrite, et Aristote, à Thalès. Mais les Anciens auraient été surpris d'apprendre qu'un temps viendrait ou une fraction de seconde suffirait à de multiples transactions.

Depuis Bachelier, la finance théorique a avancé, bien sûr. L'événement le plus marquant est dû à Black, Scholes et Merton, et remonte à 1973. Son contexte est celui des désormais célèbres produits dérivés. Décrivons par exemple le plus simple d'entre eux, l'*option européenne* : l'acheteur de cette option au temps $t = 0$ acquiert le droit de changer, à la future date $t = T$ d'expiration

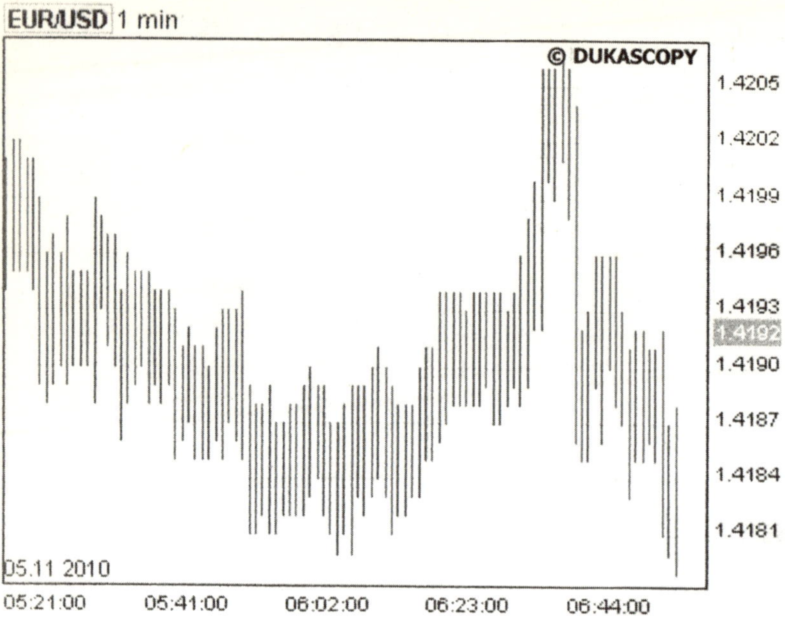


Figure 15
Le parité euro/dollar, le 5 novembre 2010, entre 5 h 21 et 7 heures

de l'option, 1 dollar contre $K$ euros. À la date $T$, un dollar vaut $S_T$ euros. Si $S_T$ est inférieur à $K$, l'acheteur n'utilise pas son option mais change éventuellement ses euros en dollars. Mais, si $S_T$ est supérieur à $K$, l'acheteur exerce son option et achète un dollar au taux plus avantageux pour lui de $K$ euros. Si par exemple il rechange immédiatement ce dollar en euros, il aura réalisé un bénéfice de $(S_T - K)$ euros. Pour le vendeur de l'option, le risque est que le dollar s'apprécie par rapport à l'euro, puisqu'il lui faudra fournir à l'acheteur 1 dollar pour $K$ euros seulement. Le problème qui se pose à lui est donc de fixer correctement le prix de vente de l'option au temps $t = 0$, et de procéder entre les temps 0 et $T$ aux opérations de change qui lui permettront de compenser ce risque. Quel est donc ce juste prix ? Et quelles opérations doit-il faire ?

Pour répondre à ces questions, Black, Scholes et Merton utilisent une *équation différentielle stochastique* qui exprime la variation relative du taux de change $S_t$ en fonction d'une tendance $\mu_t$, de la volatilité $\sigma$ et d'un bruit brownien $W_t$, suivant une formule de Samuelson

$$\frac{S_{t+dt} - S_t}{S_t} = \mu_t dt + \sigma(W_{t+dt} - W_t).$$

Cette équation, la dernière que nous écrirons, résume en fait une infinité d'équations différentielles, qui dépendent de l'aléa : la tendance n'est pas connue, le bruit non plus, nous n'avons que des indications sur leur comportement probable, et donc l'évolution du taux de change est elle aussi aléatoire. Mais, grâce au calcul différentiel stochastique développé par Kiyoshi Itô dans les années 1950, cela ne nous empêche pas de travailler ! De fait, Black, Scholes et Merton parviennent à calculer la valeur de l'option au temps $t = 0$ et la stratégie de change entre les temps 0 et $T$ censées permettre au vendeur, quelle que soit l'évolution des taux de change, de fournir à l'acheteur la quantité promise $\max(S_T - K, 0)$ dollars. Ils obtiennent même une expression explicite assez simple, basée sur la fonction de répartition de la distribution gaussienne pour laquelle existent des tables numériques précises. Assez curieusement, la tendance $\mu_t$ n'apparaît pas dans cette expression, qui dépend par contre de la volatilité $\sigma$. Cette formule a valu à Scholes et à Merton le prix Nobel d'économie en 1997, décerné trop tard pour Black (disparu en 1995) mais assez tôt pour que la crise commencée en 2007 ne vienne très sérieusement remettre en question la pertinence de leur modèle. Elle a surtout contribué à un développement rapide des marchés financiers, dans le sillage du Chicago Board of Trade ouvert en 1973, non seulement par son emploi effectif par les professionnels de la finance, mais aussi parce qu'elle a augmenté la confiance des acteurs du marché dans celui-ci, au-delà du raisonnable sans doute. Le marché passe en effet par des dénouements, où l'argent gazeux se condense. La phase liquide permet de mesurer s'il y a eu perte de masse : c'est l'un des bienfaits de l'incompressibilité. Il peut arriver que ce bilan de masse soit inquiétant.

Le lecteur se demande peut-être pourquoi les *traders* devraient continuer à gagner (assez bien) leur vie s'ils ne font rien d'autre qu'appliquer une formule, d'ailleurs très facile à programmer. C'est que, justement, ce n'est pas du tout cela qu'ils font. La finance n'est pas la physique. Ses règles ne sont pas des données de la nature, et les financiers le savent bien, qui ont davantage confiance en leur perception du marché qu'en n'importe quelle équation, et qui n'envisagent pas de se contenter d'observer des fluctuations aléatoires : leur travail consiste à susciter un *drift*, une dérive qui fera évoluer le marché. Ils ont d'ailleurs à l'égard des modèles mathématiques une attitude assez pragmatique. Par exemple, la formule de Black, Scholes et Merton donne la valeur de l'option comme fonction croissante et continue de la volatilité $\sigma$. Donc, pour connaître ce $\sigma$ dont tout dépend, rien de plus simple : on part du prix de l'option donné par le marché, et on inverse la formule. On obtient la valeur de $\sigma$ qui confirme le prix de l'option, et pour cause. Le modèle est donc robuste, et le tour est joué ! Trêve d'ironie, restons honnêtes : ces dernières phrases sont une simplification abusive de la réalité. Les analystes financiers savent reconnaître un cercle vicieux comme tout le monde. De plus, ils ont approfondi la question et affiné leurs modèles depuis 1973. Ainsi, la fonction volatilité $\sigma_t$ est elle-même considérée comme une variable aléatoire, objet d'équations stochastiques, d'autres paramètres sont pris en compte. Des produits financiers bien plus sophistiqués que l'option européenne sont créés. L'opération de dérivation financière est itérée : une option peut être vendue, on peut spéculer sur l'évolution de son cours, et ainsi de suite. Bref, les marchés sont inventifs, mais il est important de souligner que, si des mathématiques y sont utilisées, ce ne sont pas des mathématiciens qui les dirigent. N'attribuons pas aux météorologues la responsabilité du réchauffement climatique.

Avant de quitter les salles de marché, comparons les outils d'autrefois et d'aujourd'hui. L'ère dynamique était celle des équations différentielles : les conditions initiales étant fixées, l'évolution du système est déterminée sans limite de temps, du moins pour les équations différentielles linéaires. L'essentiel du travail mathématique se déroule dans des espaces de dimension finie, typiquement des espaces de trajectoires dépendant linéairement d'un nombre fini de conditions initiales. La réversibilité des calculs est la règle, et théoriquement on peut faire tourner le film à l'envers pour connaître l'état du système dans le passé. Les courbes admettent des tangentes en tout point ou presque, et les mouvements s'extrapolent. L'ère contemporaine, marquée par l'aléatoire, est celle des équations stochastiques. L'évolution du système n'est pas déterministe, mais une suite de décisions appropriées permet de satisfaire des conditions finales. Le travail requiert l'usage d'espaces de dimension infinie, comme dans le cas du mouvement brownien impossible à modéliser sans recourir à tout l'espace de Hilbert. L'irréversibilité est de rigueur, reflet de la croissance de l'entropie : lorsqu'on verse du lait dans du café, ou lorsque de l'énergie se dissipe en chaleur, on ne peut pas revenir en arrière. Le passé n'influe sur le futur que par la position présente, la connaissance du présent ne permet pas de reconstituer le passé, c'est le futur qui dicte la stratégie à suivre. Les courbes sont fractales, les changements de direction, incessants.

Le terme souvent employé d'« économie de casino » est un slogan facile, qui a le mérite d'insister sur le lien mathématique entre la Bourse et les jeux de hasard. Mais il est plus utile de souligner l'analogie entre les mouvements de capitaux et la cinétique des gaz. Contrairement à un liquide, un gaz est compressible, et inversement il remplit tout espace vide. Un liquide peut fuir mais se laisse éponger, un gaz s'échappe irrémédiablement. À l'interface avec un liquide, il est susceptible de gonfler des bulles destinées à éclater. Il lui arrive aussi d'exploser, bien sûr. Un « coup de grisou » intéressant s'est par exemple produit le 6 mai 2010, quand le *trading* algorithmique à haute fréquence (ou *flash trade*) a fait perdre 1 000 points à l'indice Dow Jones en quelques minutes. Au temps lointain du téléphone et du télégraphe, il a fallu une journée, le Jeudi noir, le 24 octobre 1929, pour que s'écroule le Stock Exchange. Les techniciens de la finance de

New York, de Londres et d'ailleurs ont installé des coupe-circuits sur leurs machines pour éviter la *seconde noire*, l'instant où leurs ordinateurs détermineraient collectivement que 1 dollar ne vaut plus que 1 centime d'euro, ou le contraire, dans l'effarement de ces lambins d'humains qui prennent leurs décisions un million de fois moins vite. On peut espérer que ces garde-fous sont efficaces. Mais il demeure que l'argent gazeux n'a pas fini de faire des bulles.

## *Récréation*

Le fonctionnement de la Bourse repose donc partiellement sur l'application de modèles mathématiques auxquels ses acteurs choisissent de faire confiance. Mais chacun sait que des éléments difficiles à quantifier, comme le moral – à ne pas confondre avec la morale – des investisseurs, continuent de jouer un rôle majeur. Les mathématiques n'ont pas encore atteint un niveau de complexité suffisant pour bien modéliser les facteurs subjectifs. Illustrons ce point en esquissant un domaine intimement corrélé à l'économie : la théorie des jeux. La structure des jeux à information complète – du type jeu d'échecs – est comprise (voir *L'AdN*, chapitre 10). Dès lors que les participants disposent de toute l'information, la théorie impose l'existence d'une *stratégie pure* : l'un des deux joueurs est imbattable en répondant toujours de la même façon dans une situation donnée, et l'aléatoire ne sert à rien. Certains de ces jeux sont totalement analysés. Le jeu de nim est un exemple simple et bien connu, mais c'est aussi le cas depuis 2007 du jeu de dames sur un damier de 64 cases : ce jeu est équilibré, et deux joueurs parfaits font toujours match nul. Les jeux de hasard pur comme la roulette sont également bien compris, comme nous l'avons vu, et l'aléatoire les modélise entièrement. Mais qu'en est-il des jeux qui se situent entre ces deux pôles ?

L'analyse plus subtile des jeux à information partielle (comme les jeux de cartes, la concurrence commerciale, le sport ou la guerre) a été inaugurée par John von Neumann (1903-1957). Ce mathématicien de premier ordre, qui était aussi un joueur de poker impénitent, a publié en 1944 avec l'économiste Oskar Morgenstern l'ouvrage fondamental *Theory of Games and Economic Behavior* où apparaît le concept de *stratégie mixte* : dans la plupart des jeux à information partielle, l'attitude la plus efficace consiste à ne pas réagir toujours de la même façon, mais à utiliser un générateur de hasard pour choisir telle ou telle réponse avec une certaine fréquence, calculée d'après les données du jeu. Par exemple, le footballeur qui tirerait tous ses penaltys vers le même côté n'en marquerait guère. La meilleure attitude repose donc sur un usage rationnel de l'aléatoire, permettant de ne pas dévoiler à l'adversaire les informations dont il ne dispose pas.

L'influence des travaux de von Neumann est immense. Malgré tout, il reste bien des jeux que nous sommes encore incapables d'analyser. Les mathématiques d'aujourd'hui n'ont rien de pertinent à dire quand deux enfants jouent à la poupée, et la psychologie est un champ qui leur échappe largement, si l'on fait exception du traitement statistique de quelques données. Il n'est pas facile non plus de quantifier le rôle d'oracle qu'un expert reconnu exerce sur un marché boursier. On peut penser que cette incapacité à parler mathématiquement du subjectif n'est que provisoire, espérer que la forte demande qui provient du monde économique comme du monde médical va inciter les chercheurs à dégager de nouveaux concepts. Il se pourrait bien sûr que la modélisation de notre comportement se heurte à des obstructions invincibles, relevant du libre arbitre ou de l'injonction socratique : connais-toi toi-même. Sommes-nous théoriquement capables de concevoir une machine qui imiterait parfaitement un être humain, dans tous ses comportements ? Et si nous en avions les plans, faudrait-il la construire ? Je ne sais pas. Qu'en pensez-vous ?

## *La Bourse ou la Vie*

Du troc au Stock Exchange en passant par les liquidités : l'économie porte clairement la marque des trois phases. C'est le cas de bien d'autres disciplines. Ainsi, la cosmologie a évolué d'un monde statique à un univers en expansion, où le concept même d'immobilité n'a plus aucun sens. C'est à présent l'aléatoire et son rôle troublant en mécanique quantique que les physiciens s'attachent à comprendre. Si nous imaginons une particule et un appareil de mesure comme deux joueurs, leur jeu est à information partielle, et la stratégie de la particule est mixte, autrement dit elle n'est dans un état donné qu'avec une certaine probabilité : nous sommes ici en présence de l'aléatoire absolu, dans la mesure où le principe d'incertitude affirme qu'il est physiquement impossible de disposer de l'information complète. La physique newtonienne affirme que les mêmes causes produisent les mêmes effets. Ce principe de causalité ne subsiste pas en mécanique quantique, où l'on ne peut qu'assigner une probabilité à chaque effet possible. Si un grand nombre de particules sont concernées, l'effet macroscopique sera cependant déterministe : c'est une nouvelle instance du pouvoir régularisant de la moyenne (voir « De l'ordre dans le chaos »).

Ajoutons que nos trois phases ne se bornent apparemment pas aux sciences dites exactes. Avec un brin de malice, on pourrait discerner leur triple marque en philosophie : à la minéralité des *Fragments* d'Héraclite répond la fluidité des écrits de Pascal, puis la déstructuration contemporaine. Le lecteur ira peut-être jusqu'à considérer que le présent livre illustre à merveille les transitions de phase en chacun de ses chapitres : introduction opaque, développement vaseux, conclusion fumeuse... ? Trêve de mauvais esprit. Revenons à des choses plus techniques : il ne fait aucun doute que les mathématiques sont utiles à la Bourse. Mais voyons comment elles sont aussi au service de la Vie.

Les sciences naturelles commencent traditionnellement leur classification par une subdivision en trois règnes : minéral, végétal et animal. Le premier d'entre eux relève à première vue du statique. La minéralogie a fait l'objet d'une analyse mathématique aujourd'hui achevée, appelée cristallographie (voir « Utiliser la dissymétrie »). L'étude des deux derniers règnes, séparés par une frontière assez floue, constituait la botanique et la zoologie réunies aujourd'hui sous un seul terme : la biologie. Celle-ci offre aux mathématiciens un champ de recherche immense, comme l'explique le biologiste Joel E. Cohen dans ce texte de 2004 : « Dans le siècle qui commence, la biologie va stimuler la création de domaines mathématiques entièrement nouveaux. En ce sens, la biologie est la prochaine physique des mathématiques, mais en mieux. La biologie va stimuler la création de mathématiques fondamentalement nouvelles parce que la nature vivante est qualitativement plus hétérogène que la nature inanimée. Par exemple, on estime qu'il y a de 2 000 à 5 000 espèces de roches et de minéraux dans la croûte terrestre [...]. Par contre, il y a probablement entre 3 millions et 100 millions d'espèces biologiques sur Terre, engendrées à partir d'une petite fraction des éléments qui se présentent naturellement. Si les espèces de roches et de minéraux peuvent valablement être comparées aux espèces vivantes, le monde vivant a au moins mille fois la complexité du monde inerte. Cette comparaison omet l'énorme importance évolutionnaire de la variabilité individuelle à l'intérieur des espèces. La prise en compte de l'hyperdiversité de la vie à toutes les échelles d'organisation spatiale et temporelle nécessitera des avancées conceptuelles fondamentales en mathématiques. »

Il est clair que la biologie relève du dynamique à plusieurs titres : en premier lieu, parce que les végétaux vivent au rythme des saisons et les animaux, dans l'instant, quand un paysage minéral présente à notre échelle de temps l'apparence trompeuse de l'immobilité. Les animaux... sont animés, n'est-ce pas ? Ensuite parce qu'une population animale ou végétale change constamment, par l'interaction avec les autres espèces et les conditions climatiques. Enfin parce que nous savons depuis Lamarck et surtout Darwin que les espèces elles-mêmes évoluent, qu'elles naissent et meurent. Le rythme de cette évolution est géologique pour l'apparition des espèces complexes. Nous sommes par contre en train de vivre à l'échelle du siècle une période d'extinction rapide sans équivalent depuis la fin de l'ère secondaire. Et, pour la première fois dans l'histoire de notre planète, cette diminution massive de la biodiversité est largement due à l'impact écologique d'une seule espèce.

Toute la vie connue à ce jour est concentrée dans la minuscule biosphère : une dizaine de kilomètres d'épaisseur répartie sur la surface terrestre, dont le vivant recycle sans cesse les matériaux. L'histoire de cette biosphère a commencé voici environ 3 milliards d'années. Des hypothèses difficiles à départager s'affrontent pour expliquer l'origine de la vie, mais il ne fait aucun doute que quatre éléments ont joué, dès le début et jusqu'à présent, un rôle crucial : l'hydrogène, l'oxygène, l'azote et le carbone. Un changement qualitatif s'est produit lorsque est apparue la sexualité, et ses deux corollaires que sont l'individu et la mort. Une bactérie se sépare en deux bactéries identiques. La vie sexuée inverse le processus : une femelle et un mâle s'unissent pour mettre au monde un nouvel être vivant, qui portera une partie des caractères de chacun de ses deux parents mais sera différent de chacun d'entre eux, et comme tel essentiellement unique. Cette révolution biologique est survenue avec l'apparition des eucaryotes voici au moins 1,5 milliard d'années. Elle a bien sûr augmenté le niveau de complexité du vivant, en donnant libre cours à toute la puissance créatrice de l'aléatoire. Une évolution relativement rapide des eucaryotes s'est ensuivie, alors que les procaryotes, qui les ont précédés et sans doute engendrés par un processus de symbiose, n'ont guère évolué en 3 milliards d'années. La révolution suivante fut l'explosion de la vie multicellulaire du cambrien, voici 540 millions d'années. Nous en sommes encore à attendre la prochaine, à moins qu'on ne considère comme telle l'apparition d'individus non seulement mortels mais conscients de leur mortalité, dans le dernier million d'années de l'histoire de la biosphère.

Cette irruption de l'aléatoire en biologie a bien sûr donné du travail aux mathématiciens, depuis les lois de Mendel sur la propagation des caractères dominants ou récessifs jusqu'au décryptage du génome. Par exemple, l'assez faible randomisation des génotypes humains suggère que notre espèce a probablement frôlé l'extinction en passant par – au moins – un goulot démographique à un stade précoce de son existence : à un certain moment, il n'y a sans doute pas eu plus de quelques dizaines de femmes sur

Terre. La conséquence pratique de cette faible randomisation est qu'il est moins difficile qu'on pourrait le craindre de trouver un ADN compatible pour une greffe de moelle osseuse en cas de leucémie. La « descente infinie » nous apprend aussi quelque chose dans ce contexte : partons de toutes les femmes aujourd'hui vivantes, appelons $n$ leur nombre. Elles ont toutes une mère et une seule, mais certaines ont des sœurs, et donc le nombre des mères est un entier $m$ inférieur à $n$. Pour la même raison, le nombre de grands-mères maternelles est un entier $l$ inférieur à $m$. On continue ainsi en remontant les générations, mais une suite d'entiers positifs ne peut pas être strictement décroissante et donc elle se stabilise finalement sur un certain entier. L'homogénéité observée des mitochondries, parties de la cellule qui ne proviennent que de l'ovule maternel, suggère que ce nombre est 1. Il est donc possible que la totalité des femmes descende par une lignée exclusivement féminine d'une seule femme (et, au-delà, de sa mère, etc.) qui pourrait avoir vécu en Afrique subsaharienne voici environ cent cinquante mille ans. Cela n'impliquerait évidemment pas qu'elle était alors la seule femme vivante : mais aujourd'hui ses contemporaines n'auraient pas de descendance par une lignée purement féminine.

Cela fait rêver. Mais contentons-nous d'observer un fait simple et incontestable : un couple porteur de $n$ caractères (hétérozygotes) distincts peut donner naissance à $2^n$ enfants différents. La sexualité est donc porteuse de diversité, qui favorise l'adaptation d'une lignée à des conditions changeantes : l'aléatoire est au service du dynamique. L'interdiction universelle de l'inceste suggère que l'humanité a compris ce fait bien avant de pouvoir le théoriser. Si nous considérons inversement les ancêtres d'un individu quelconque, nous en comptons $2^n$ à la génération $n$, aussi longtemps que l'arbre généalogique reste un arbre au sens mathématique du terme : en effet, $2^{30}$ est bien supérieur à la population de la Terre en l'an 1000, il y a donc des gens de ce temps-là qui sont mes ancêtres par quantité de chemins. Les caractères biologiques d'un animal dépendent de chacun de ses ancêtres : nous sommes en présence de données qui dépendent d'un grand nombre de facteurs essentiellement indépendants. Le théorème de la limite centrée (voir « De l'ordre dans le chaos ») suggère qu'on peut s'attendre à une répartition approximativement gaussienne de ces données, et c'est bien ce qui est observé, pourvu qu'on laisse la nature faire son œuvre sans favoriser artificiellement certains traits.

Toutes les espèces animales supérieures sont sexuées, assez uniformément pour qu'on puisse distinguer femelles et mâles d'une façon scientifiquement cohérente. Cette frange complexe du vivant reste cependant fragile, et disparaîtrait peut-être en cas de catastrophe écologique majeure (explosion d'une supernova proche ou collision avec un astéroïde de plus de 10 kilomètres de diamètre, par exemple) sans que la vie soit totalement éradiquée. En tout cas, l'évolution n'a pas conduit à l'étape suivante. Il y a des animaux, du type paramécie, qui ont plus de deux types sexuels : la reproduction se fait toujours en couple, mais chaque animal peut trouver un partenaire plus facilement puisque seul son type sexuel lui est inadapté et qu'il peut donc s'accoupler avec plus de 50 % de ses congénères. Cette facilité de choix est clairement un avantage darwinien. Pourtant il n'existe pas, et apparemment il n'a jamais existé, d'espèce supérieure à plus de deux types sexuels. On peut imaginer que cette option biologique augmenterait l'instabilité de l'espèce, pour un bénéfice mineur : dès lors que la complexité exponentielle est atteinte, un facteur multiplicatif ne fait guère de différence. Mais nous verrons bien : sauf imprévu, la biosphère a encore au moins quatre milliards d'années devant elle. La vie a le temps d'inventer des formes nouvelles.

## *Et les maths, dans tout ça ?*

Les mathématiques modélisent correctement les trois phases et leurs avatars dans diverses disciplines scientifiques. Mais ces trois phases s'observent-elles au sujet des mathématiques elles-mêmes ? Précisons notre propos avant de répondre à cette question : un calcul que les Mésopotamiens trouvaient juste voici trois mille cinq cents ans est toujours juste pour nous, et un raisonnement correct pour les Anciens l'est encore aujourd'hui, bien que les exigences de rigueur aient connu quelques fluctuations au cours de l'histoire et soient aujourd'hui plus élevées que jamais. En ce sens, les mathématiques n'évoluent pas, de même que les lois physiques ne changent pas au cours du temps, du moins le croit-on. Mais par ailleurs les thèmes de recherche et les techniques de démonstration font une place croissante au dynamique et à l'aléatoire. Nous avons déjà constaté que l'approche dynamique a suscité au sein des mathématiques de féconds changements de point de vue : calcul intégral, paramétrage des courbes, théorie de Galois... Nous allons considérer deux nouveaux exemples pour illustrer l'usage que font les mathématiques contemporaines du dynamique et de l'aléatoire, sur des questions qui en paraissaient d'abord éloignées.

Le théorème de d'Alembert-Gauss énonce que tout polynôme non constant à coefficients dans **C** a une racine complexe, et donc est un produit de facteurs de degré 1. C'est un résultat algébrique, dont la démonstration requiert cependant de savoir que les polynômes réels de degré impair ont une racine réelle. Dynamisons un peu tout cela : un polynôme, c'est en particulier une fonction entière, et le théorème montré par Picard en 1879 énonce qu'une fonction entière non constante atteint toutes les valeurs complexes sauf au plus une, comme c'est le cas pour la fonction exponentielle qui ne s'annule pas. Ce résultat plus général concerne les transformations conformes du plan. Passons maintenant à l'étape suivante. Une démonstration moderne du théorème de Picard, que je ne peux malheureusement qu'évoquer, repose essentiellement sur le fait que, si l'on se déplace au hasard sur le plan privé de deux points, la trajectoire s'enroulera presque sûrement autour de ces deux points. Le théorème de Picard est donc une conséquence du caractère *récurrent* du mouvement brownien en dimension 2. Dans l'espace, une particule brownienne ne repassera presque sûrement pas à proximité de son point de départ, elle diffusera vers l'infini. Mais on a moins de place dans le plan, où les trajectoires browniennes se recoupent indéfiniment (voir figure 16). Les démonstrations du théorème de d'Alembert-Gauss utilisent le fait simple qu'on ne peut pas passer continûment d'un côté à l'autre d'une courbe plane sans la couper. L'auto-intersection du mouvement brownien dans le plan approfondit naturellement ce fait, et le théorème de Picard est à la clé.

Passons maintenant à l'arithmétique, et rappelons qu'une suite d'entiers est une progression arithmétique si la différence entre deux termes successifs, qu'on appelle la raison, est constante : par exemple, la suite –19, –13, -7, –1, 5, 11, 17, 23, 29 est une progression arithmétique (en bref, une P.A.) de raison 6 et de longueur 9. On dit qu'un sous-ensemble $A$ d'entiers positifs est de densité positive s'il existe une constante $d > 0$ telle que, pour tout $n > 0$, il y ait au moins $d \times n$ éléments de $A$ inférieurs à $n$. Le théorème de Szemeredi affirme que tout ensemble $A$ d'entiers positifs de densité positive contient des P.A. arbitrairement

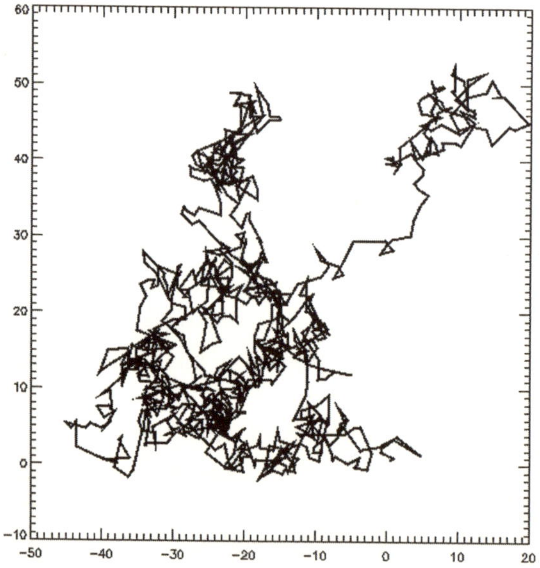


Figure 16
Une trajectoire brownienne plane

longues. C'est un résultat combinatoire profond, qui établit (comme les théorèmes de Ramsey) la présence incontournable de certaines structures, grumeaux d'ordre dans une pâte informe, alors même que l'on a une grande liberté de construction puisque l'unique contrainte imposée sur $A$ est la positivité de la densité.

L'approche de Furstenberg a permis de mieux comprendre ce résultat fondamental : l'une de ses idées est de dynamiser le problème en considérant l'action des translations $\tau_r : n \to (n + r)$ sur les entiers. Une P.A. de raison $r$ et de longueur $l$ intersecte son image sur un ensemble de longueur $(l - 1)$, et inversement, un ensemble essentiellement invariant par $\tau_r$ contient de grandes P.A. de raison $r$. Nous sommes donc conduits à trouver dans $A$ des ensembles essentiellement invariants par certaines de ces translations $\tau_r$, ce qui est une question de *théorie ergodique*. Cette branche de l'analyse a pour objet d'étudier l'invariance de sous-ensembles par une transformation d'un espace mesuré $\Omega$ qui préserve la mesure. Typiquement, on itère une telle transformation et on estime sa capacité à mixer les parties de $\Omega$, comme lorsqu'on prépare un assaisonnement ou un cocktail : le volume est conservé, les liquides se mélangent. Les entiers ne sont pas une vinaigrette, et il faut encore bien des idées pour appliquer les puissants outils de la théorie ergodique à la démonstration du théorème de Szemeredi, comme Furstenberg l'a fait. Mais son approche profonde donne plus qu'une démonstration élégante et compréhensible d'un théorème connu : elle ouvre la voie vers des généralisations de ce résultat. C'est ainsi que, par une analyse quantitative fine de certains systèmes dynamiques (s'appuyant en particulier sur des travaux novateurs de Tim Gowers, et plusieurs idées nouvelles), Green et Tao ont montré en 2004 que l'ensemble des nombres premiers contient des P.A. arbitrairement longues. Ce formidable progrès ne s'ensuit pas du théorème de Szemeredi puisque l'ensemble des nombres premiers est de densité nulle, et il convient de noter que la démonstration établit l'existence de ces P.A. mais ne donne pas d'algorithme qui permettrait de les expliciter : le record actuel (détenu depuis avril 2010 par Benoît Perichon) est une P.A. de nombres premiers de longueur 26, dont le premier terme est 43 142 746 595 714 191, et la raison, 236 817 770 × $P(23)$ où $P(23)$ désigne le produit des nombres premiers inférieurs ou égaux à 23 ; cette raison est supérieure à $5 \times 10^{16}$. L'immensité des entiers qui figurent dans ces grandes P.A. permet de mieux comprendre pourquoi l'approche de Green et Tao n'est pas constructive. On ne sait d'ailleurs pas expliciter des nombres premiers arbitrairement grands. Mais il demeure que ces découvertes contemporaines illustrent l'efficacité de l'approche dynamique de l'arithmétique : pour mieux comprendre un ensemble, les entiers par exemple, il faut analyser ses transformations. La grande armée des entiers n'est plus un régiment au garde-à-vous, mais un joyeux ballet où des chenilles se font et se défont. Monsieur Galois aurait approuvé.

## *De la chaleur du Soleil*

Nous ne pouvons pas terminer ce chapitre sans mentionner un grand oublié. En effet, les trois états de la matière sont comme les trois mousquetaires : il y en a un quatrième, et c'est le plus important. Dans une sphère de 10 minutes-lumière de rayon autour de nous, 99,9 % de la matière n'est ni gazeuse, ni liquide, ni solide, puisque le Soleil est constitué d'une soupe de particules indépendantes qu'on appelle un *plasma* et non d'atomes ou de molécules. Cet état déstructuré de la matière est présent sur notre planète de façon naturelle sous deux formes : lors de phénomènes rares du type « boule de feu » dans certains orages, et dans l'ionosphère, au-delà de 60 kilomètres d'altitude. Le plasma froid qui constitue l'ionosphère est utilisé depuis longtemps puisqu'il propage les ondes radio. Le plasma chaud est un état très fugitif qu'on voudrait désormais stabiliser car lui aussi serait bien utile. En effet, la chaleur rayonnée par le Soleil provient de la transmutation continuelle en son sein de noyaux d'hydrogène et de noyaux d'hélium, qui s'accompagne d'une perte de masse transformée en énergie suivant la fameuse formule d'Einstein $E = mc^2$. Si nous parvenons à reproduire ce processus de fusion nucléaire, c'en est fini des problèmes d'énergie, grâce à l'hydrogène présent sur notre planète en grande quantité (plus précisément, grâce à ses deux isotopes industriellement utilisables, le deutérium et le tritium). C'est l'objet du projet ITER développé à Cadarache (Bouches-du-Rhône), où l'on cherche à confiner le plasma dans un instrument appelé tokamak à l'aide de puissants champs magnétiques. Le record actuel de stabilité est de 6 minutes 30 secondes, mais le bilan est encore négatif puisque le confinement lui-même demande trop d'énergie. Les mathématiques sont bien sûr indispensables dans ce domaine, comme dans tous ceux où l'expérimentation directe est difficile : seul un calcul peut nous informer sur les conditions qui règnent au cœur du Soleil, et sur les précautions à prendre pour ne pas tout faire sauter quand on essaie de reproduire ces conditions. Il est beaucoup trop tôt pour crier victoire, mais les spécialistes espèrent que l'on maîtrisera la fusion nucléaire dans une cinquantaine d'années.

L'existence de ce quatrième état de la matière n'a été reconnue qu'au XX^e^ siècle, et il ne figure dans notre environnement naturel que sous la forme de notre étoile familière mais distante, le Soleil. Il n'a donc pas suscité de métaphores, ou d'analogies. C'est en termes mathématiques que l'on parle du plasma, étranger à notre quotidien. Sa modélisation déjà avancée est un champ de recherche actif, où pourraient germer de nouveaux concepts, au-delà de l'aléatoire. Il y a matière à découverte.

CHAPITRE VIII

# CECI N'EST PAS UNE CONCLUSION

Le poème de la Genèse raconte une création du monde. Au commencement tout est informe et vide, *tohu bohu* en hébreu, puis l'Éternel crée la lumière, les choses inertes, les animaux et, en dernier lieu, l'homme. La conclusion abrupte du troisième chapitre est l'expulsion du premier couple hors du jardin d'Éden après qu'il eut goûté au fruit défendu de l'arbre de la connaissance du bonheur et du malheur, et l'apparition de quelques traits spécifiquement humains : la honte de la nudité, les naissances douloureuses et la nécessité du travail.

Ce texte, dont l'influence historique est considérable, n'est pas le plus ancien des livres bibliques, et sa rédaction est peut-être contemporaine de Pythagore. Il est cependant étranger à la pensée grecque, et porte l'empreinte de la culture sumérienne. Peut-on l'interpréter comme un conte philosophique qui veut nous faire comprendre qu'innocence et connaissance ne font pas bon ménage ? La chute originelle est-elle une réflexion imagée sur tout ce qui fait de nous des hommes ? Ou une lointaine allégorie de la révolution néolithique qui a inventé l'agriculture, le pain et son vrai prix : la sueur ? Ce fruit interdit serait-il un dernier écho de rites de transe divinatoire, parfois dépeints par les pythies ou les chamanes comme la montée dans un arbre, que le judaïsme aurait proscrits à un stade précoce de son développement ? Je n'ai pas la compétence nécessaire pour le savoir. Mais qu'importe, nous pouvons recycler rationnellement cette métaphore heureuse, en parlant de l'arbre de la connaissance du vrai et du faux. Nous avons passé ce livre à visiter quelques-uns de ses rameaux, en sautant parfois d'une branche à l'autre : ce dernier exercice reste cependant délicat. Que peut-on dire de cet arbre gigantesque, et de la faune qui y a élu domicile ?

## *Chercheurs et trouveurs*

L'une des branches maîtresses de l'arbre de la connaissance s'appelle les mathématiques ; il s'y greffe une grosse branche secondaire nommée analyse. Celle-ci porte une branche plus petite appelée analyse fonctionnelle, subdivisée en rameaux. L'un d'entre eux s'appelle géométrie des espaces de Banach, dont sort le rameau secondaire des espaces non séparables. Celui-ci porte une tige nommée renormages des espaces non séparables, qui fait naître enfin un certain nombre de feuilles : les articles écrits dans cette spécialité. Nous sommes ici à la frontière de la connaissance, en d'autres termes dans une zone de croissance, jusqu'à ce que le domaine soit compris à fond ou que les questions restées ouvertes soient considérées comme trop dures relativement à leur importance, et donc progressivement abandonnées car l'arbre de la connaissance a ses automnes.

Mais il a surtout ses printemps, et nous vivons un âge d'or du progrès scientifique et en particulier mathématique : cette science a bien plus progressé depuis 1945 qu'entre cette date et le paléolithique. Actuellement, toutes revues de recherche confondues, le rythme de publication est d'environ 75 000 articles de mathématiques par an. La vocation des chercheurs est d'être surtout des *trouveurs*, pour contribuer à cette croissance. C'est un rêve ambitieux : voici bien longtemps que l'on réfléchit, et nos ancêtres n'étaient pas particulièrement stupides. De plus, le caractère universel des mathématiques leur a permis de faire fi des barrières de temps et d'espace, dès le début de l'histoire. Prenons un exemple parmi bien d'autres : les grands califes abbassides ont fait traduire les textes des Anciens, les sauvant ainsi de l'oubli et faisant de Bagdad la capitale scientifique du IX^e siècle. Ils n'ont pas nécessairement adhéré à la philosophie des Grecs, moins encore à leurs tragédies puisque la tradition musulmane ignore le théâtre. Mais il eût été insensé de contester l'exactitude de leurs calculs. La recherche mathématique a donc connu une mondialisation précoce. Les chercheurs n'ont pas attendu les temps modernes pour échanger leurs idées et pour voyager, mais ceux-ci n'ont fait qu'accentuer la tendance : qui veut tenter aujourd'hui l'aventure de la recherche doit accepter d'être un compagnon du tour du monde, et prévoir déplacements et déménagements. Cette mondialisation se double d'un rapport particulier au temps : les théorèmes sont des denrées impérissables. Les *Éléments* d'Euclide constituent toujours une lecture pertinente et exigeante vingt-trois siècles après leur parution, et les *Disquisitiones arithmeticae* de Gauss n'ont rien perdu de leur profondeur abyssale. Ce qui est établi l'est une fois pour toutes, il faut se l'approprier et aller plus loin. La conséquence pratique est qu'il suffit qu'un théorème ait été publié n'importe où, n'importe quand, par n'importe qui, pour que toute tentative de publier ce résultat ou un résultat proche dans une revue de recherche sérieuse se heurte à un refus : les *referees* qu'un journal consulte toujours avant d'accepter un article sont là pour y veiller, ainsi qu'à l'exactitude des démonstrations et à l'intérêt du progrès réalisé. La concurrence est par conséquent globale, et impitoyable. Il arrive – de nos jours – qu'on juge utile d'expliquer doctement aux chercheurs que la recherche est internationale. C'est vrai, sans aucun doute. Mais nous le savons depuis vingt-cinq siècles.

## *La structure fractale de la connaissance*

Considérons un arbre, tel que celui de la figure 13. L'ensemble des branches issues d'un point quelconque de cet arbre est lui-même un arbre. Dans le cas d'un arbre infini homogène, nous sommes en présence d'un *objet fractal*, suivant la conception de Benoît Mandelbrot : tout voisinage d'un point contient un modèle réduit de l'ensemble entier. L'ancêtre de la famille fractale est l'ensemble de Cantor, qui correspond à l'arbre dyadique infini muni de la distance géodésique. Un exemple plus graphique, cas particulier d'ensemble de Julia en dynamique des fonctions de la variable complexe, est le célèbre ensemble de Mandelbrot.

Notre arbre de la connaissance épouse raisonnablement bien cette structure fractale : par exemple, les mathématiques se subdivisent en domaines, et chaque domaine en fait autant jusqu'à ce qu'on arrive à une spécialité pointue, qui le reste aussi longtemps que le progrès scientifique ne poursuit pas la ramification. Illustration pratique de ces subdivisions, la *AMS Mathematics Subject Classification* comporte à ce jour 63 sections, chacune divisée en une quinzaine de paragraphes, qui sont divisés à leur tour en une vingtaine de sous-paragraphes. La labélisation correspondante permet d'identifier rapidement de quel domaine relève chaque papier : par exemple la section 46 couvre l'analyse fonctionnelle, le paragraphe 46B concerne les espaces normés, et le sous-paragraphe 46B20 rassemble les articles de géométrie et structure des espaces normés. Il faut bien sûr souligner que cet étiquetage a ses limites : la profonde unité des mathématiques fait que les frontières entre domaines sont mal définies. La complexité technique de la discipline oblige à se spécialiser pour faire du neuf, si bien que, le plus souvent, un article de pointe n'est compréhensible que par quelques dizaines de chercheurs qui habitent une même petite branche. Néanmoins, les chercheurs les plus importants parviennent à éviter une spécialisation excessive, ce qui leur permet de procéder à des transferts d'idées extrêmement féconds. On a maintes fois constaté que la démarche analogique conduit à la découverte. Mais certaines analogies sont cachées et d'autres, encore à découvrir, sans doute : car des branches éloignées de l'arbre de la connaissance, par exemple l'arithmétique et la physique des particules, portent de mystérieuses ressemblances.

Les mathématiciens oscillent ainsi entre deux attitudes. Un domaine apparaît d'abord comme un point, lorsqu'on n'en connaît que l'existence, et un point ne s'analyse pas. C'est qu'on en est trop loin : de même, un abstentionniste impénitent parlera de « la politique » comme si tous les programmes se valaient, un laïcard invétéré, de « la religion » comme s'il n'y en avait qu'une. Lorsqu'on s'approche du sujet, sa structure interne révèle sa complexité, et tout laisse à penser que chaque élément qui la constitue est lui-même sécable, *ad infinitum* : Pascal avait vu juste, chaque ciron est un monde. C'est donc bien utile d'y regarder de près, lorsqu'on veut savoir de quoi on parle. Mais, inversement, il est créatif de prendre parfois de la distance, afin de mieux comprendre les lignes de force d'une théorie et de hiérarchiser les concepts. Prenons un exemple : l'algèbre développée par Al-Khawarizmi et ses émules a permis de réunir sous une même équation polynomiale des problèmes géométriques différents mais analogues. Puis, c'est la théorie de Galois qui a fait de même avec les équations, en les unissant sous un même groupe de Galois. Ce sont à présent les morphismes entre groupes et leurs représentations qui sont étudiés. Ce point de vue synthétique conduit à une idée forte, de portée universelle : *les relations entre objets sont plus importantes que les objets eux-mêmes*. En mathématiques où toute démarche est systématiquement reconduite, on peut interpréter les relations entre objets de niveau $n$ comme des objets de niveau $(n+1)$. L'effort qu'il faut fournir pour s'approprier ces concepts emboîtés n'est pas inutile : l'abstraction est souvent le plus court chemin entre deux réalités, puis une abstraction d'abstraction, le plus court chemin entre deux abstractions, et ainsi de suite. Reprenons l'image de l'arbre pour illustrer cette démarche : il faut remonter vers la racine pour passer d'un point à l'autre. À chaque étape, les arguments se simplifient, et leur puissance augmente. Comme l'explique le leader charismatique de l'école polonaise d'avant guerre, Stefan Banach (1892-1945) : « Un mathématicien est quelqu'un qui peut trouver des analogies entre théorèmes. Un bon mathématicien aperçoit les analogies entre démonstrations, et les meilleurs mathématiciens comprennent les analogies entre théories. Enfin, on imagine que le mathématicien ultime est celui qui peut voir les analogies entre analogies. »

Comment perçoit-on la nature fractale des mathématiques quand on les pratique ? Donnons un exemple : soient deux ensembles $A$ et $B$ d'une classe d'objets à étudier. Pour montrer que $A$ n'est pas inclus dans $B$, on peut utiliser un ensemble $C$ dont on montre qu'il contient $B$ mais pas $A$. Mais alors la question se pose immédiatement de savoir si $(A \cap C)$ est inclus dans $B$. Pour nier cela, on trouve un ensemble $D$ qui contient $B$ mais pas $(A \cap C)$, mais est-ce qu'alors $(A \cap C \cap D)$ est contenu dans $B$, et cela peut continuer ainsi, comme une invariance par changement d'échelle. Dans la pratique, ce n'est jamais sur des ensembles abstraits qu'un chercheur travaille : chaque ensemble représente une propriété, et l'inclusion correspond à l'implication. Chaque problème est plus délicat que le précédent, et l'étude se poursuit jusqu'à ce que, par exemple, on parvienne à une équivalence. Les suites de questions emboîtées (qui correspondent concrètement à une suite d'articles, dont chacun raffine les précédents) sont un trait familier du paysage mathématique.

Ce processus d'emboîtement s'observe également dans les démonstrations elles-mêmes : une conjecture donnée va s'établir par disjonction d'un certain nombre de cas. Mais chacun de ces cas est lui-même objet d'une disjonction nouvelle, et ainsi de suite jusqu'à parvenir enfin à établir des énoncés qui ne se ramifient plus, puis à remonter étape par étape jusqu'à la conjecture initiale. La démonstration se présente naturellement comme un arbre, et la taille de cet arbre mesure sa complexité. Il va de soi que les mathématiques contemporaines proposent des démonstrations bien plus complexes que celles d'antan, si bien que la recherche mathématique pourrait devenir progressivement un travail plus collectif. En effet, un mathématicien qui a fait le travail nécessaire pour identifier précisément les différents cas dont relève sa conjecture peut envisager de confier chacun de ces cas (*a priori* moins difficiles car moins généraux) à des collègues ou à des doctorants, ne fût-ce que parce qu'une vie humaine est trop courte pour venir à bout de l'ensemble. En outre, si l'on parvient au niveau algorithmique, un ordinateur est susceptible d'épauler les humains, étant entendu que programmer cet ordinateur est aussi un travail authentiquement mathématique.

On peut penser qu'une recherche ainsi hiérarchisée préfigure notre futur par la force des choses. Nous n'en sommes pas encore là, cependant, et les mathématiques restent à ce jour un travail largement individuel. Une raison pour cela est l'échelle de temps spécifique qui différencie les mathématiques des autres sciences. Il faut en général un certain temps (l'unité de mesure est la dizaine d'années) pour bien comprendre un sujet et construire les bonnes intuitions. Pour collaborer efficacement, il faut partager en profondeur ces intuitions, et cela demande une véritable intimité mentale. La conséquence pratique est que la majorité des publications mathématiques ont un seul ou deux auteurs, toujours listés par ordre alphabétique. Il n'y a pas de « premier auteur », pas d'autorité au sens hiérarchique du terme, en mathématiques fondamentales. Mais cette liberté a un prix : il ne faut pas qu'un chercheur ait trop peur de la solitude.

## *La confusion mathématique*

Exercer pleinement sa liberté conduit à éprouver ses limites : cette maxime qui pourrait s'appliquer aux chercheurs – et aux adolescents – convient aussi aux théories scientifiques. Nous avons examiné l'exemple de la formalisation des mathématiques, qui a conduit au théorème d'incomplétude de Gödel (voir « De la logique avant toute chose »). La théorie des équations différentielles constitue un autre exemple. Le XVIII^e siècle a vu son triomphe, qui incitait Voltaire à comparer un univers réglé une fois pour toutes avec les mécanismes les plus complexes de son temps : les horloges. Cent ans plus tard, en poussant les feux de cette théorie à leur maximum pour l'appliquer au problème des trois corps, Henri Poincaré a découvert l'instabilité dynamique qui marque la limite du pouvoir de prédiction des équations différentielles. Un troisième exemple venu de la physique est celui du principe d'incertitude, inobservable à notre échelle. C'est lorsque les mesures deviennent suffisamment fines qu'on perçoit les bornes infranchissables de leur précision. Dans ces trois cas, l'obstruction reconnue est à l'origine de formidables progrès scientifiques : la logique contemporaine, les systèmes dynamiques, la mécanique quantique. C'est ainsi que progressent les sciences, et parmi elles les mathématiques : il y a des virages, des à-coups, qui troublent toute la communauté et parfois celui-là même qui fait la découverte. À un niveau bien plus modeste que les grands exemples que nous venons d'évoquer, cette observation reste pertinente : quelle que soit l'échelle à laquelle on l'observe, l'arbre de la connaissance est plein de branches tordues. N'en déplaise aux bailleurs de fonds, un chercheur ne peut donc pas souvent dire ce qu'il va trouver, et pour cause. Il a même parfois des difficultés à préciser ce qu'il cherche : ce peut être, tout simplement, la bonne question. C'est dans un désordre déstabilisant que la recherche progresse. Il n'y a pas de discipline possible quand ce ne sont pas des élèves qui sont turbulents, mais les mathématiques vivantes auxquelles on se confronte.

Cette confrontation se déroule dans un cadre abstrait et pourtant rigide, que je ne peux décrire autrement que comme l'espace des objets mathématiques. Comment évolue-t-on dans ce cadre ? Parfois malaisément, dans la mesure où il est justement difficile de s'en abstraire. En effet, observons quelques traits spécifiques de ce qu'on peut appeler la confusion mathématique, sans nous égarer vers la psychologie – très diverse – des chercheurs. En mathématiques coïncident le pur et l'appliqué, la théorie et la pratique, l'existant et le concevable, l'expérience et son interprétation, le signifiant et le signifié, le lieu de travail et la boîte crânienne. Concrètement, un mathématicien n'a pas besoin d'être au laboratoire pour chercher. C'est bien commode, mais cela a un prix : il ne lui suffit pas d'être à la maison pour échapper aux questions qui le hantent. Cette confusion générale résulte d'un fait très simple : *les mathématiques sont leur propre modélisation*. L'étude commentée d'un poème, qui lui fait perdre toute saveur, n'est pas un poème. L'image d'une pipe n'est pas une pipe.

Mais l'analyse d'un argument mathématique est elle-même un argument mathématique. Abyme, ou abîme ?

## *Après-propos*

Les mathématiques, qu'est-ce que c'est ? Notre lecture permet diverses réponses, compatibles entre elles. Une science : certainement. C'est une science exacte, mais il n'y a pas de science inexacte. C'est une science humaine car il n'en est pas d'inhumaine. Ce n'est pas une science pure, mais c'est bien une science dure. Un langage : clairement, même s'il y a peu de gens dont c'est la langue maternelle. Un outil : absolument, et cet outil transforme le monde. Une technique : du moins un travail qui requiert l'application de techniques complexes. Un art : sans doute, puisque chaque mathématicien est sensible à la beauté d'une démonstration ou d'un résultat. On peut pourtant regretter que le public se réduise plus ou moins aux artistes. Pensons plutôt à un artisanat, où chacun fabrique ou peut-être découvre des objets intangibles. Un métier : un grand métier et, plus encore, une vocation, une passion. Un jeu : oui, un jeu parfois sans enjeu, pour le plaisir. Et où il est impossible de tricher – celui qui fait semblant d'avoir compris ne trompe personne. Une compétition : pour les apprentis, certainement, puisqu'elles forment la trame d'innombrables concours. Cela ne contribue pas à leur popularité. Un voyage : mais alors c'est une exploration, une navigation sur un océan sans eaux territoriales, *res nullius*. Un sport : c'est en tout cas une pratique qui garde les neurones en forme, mais il est difficile de décider si c'est un sport individuel ou collectif. Une philosophie : plutôt une discipline qui nourrit la philosophie, tout en ne laissant guère de place aux divergences d'opinion. Une ascèse : penser à la même question pendant trente ans est en effet un exercice qu'un ascète ne renierait pas. Mais c'est une ascèse sans transcendance. Un chemin vers la sagesse : ni plus ni moins que n'importe quelle autre activité. La sagesse est un but que chacun peut se proposer, et le premier pas vers ce but consiste à reconnaître qu'il est hors de portée. Un combat : peut-être, comme Jacob lutte avec l'ange. Mais l'objet de ce combat serait alors de se libérer du désir de vaincre, et pour cela la victoire n'est ni nécessaire ni suffisante. Fin d'inventaire, et trêve de lyrisme : c'est au lecteur de faire ses choix, de trouver ses propres réponses. Qu'en pensez-vous ?

Pourquoi fait-on des mathématiques ? Parce que c'est intéressant, parce qu'on est curieux, sans doute, mais surtout parce qu'elles sont utiles. Cet ouvrage a présenté quelques exemples d'emploi des mathématiques, et aussi d'emploi *par les* mathématiques de trois sources de phénomènes bruts : les nombres entiers, les sciences naturelles – physique, astronomie, biologie – et les sociétés humaines – technologie, jeu, communication, économie, guerre. Nous avons vu comment les chercheurs se saisissent de ces phénomènes pour fabriquer des outils, inventer des concepts, *créer des liens*, révéler des analogies entre des sujets qu'on aurait pu croire étrangers et transférer des idées. Les mathématiques ne divisent pas pour régner, elles unissent pour mieux servir.

Cette démarche nous a permis de jeter un coup d'œil généraliste sur le monde où nous vivons. Mais ce livre est aussi une invitation au questionnement, à l'entrée dans une perception dynamique de la science. En cinq mille ans de réflexion, nous avons engrangé de belles moissons de connaissance. Pourtant, il faut accepter que des questions restent – provisoirement du moins – sans réponse. Ou, plus exactement, comprendre que « je ne sais pas » est une réponse parfaitement recevable : un chercheur ne se contente pas de son ignorance, mais il doit avoir l'humilité de la reconnaître. Ce qui tuerait la recherche n'est pas l'absence de réponses, mais l'absence de questions, l'aporie. Au moment de poser ma plume, j'espère donc que le lecteur termine ce livre avec *plus* de questions qu'il n'en avait quand il l'a commencé, et avec le désir de savoir. Rien n'est fini. Nous n'en sommes qu'au début des mathématiques.

# POUR EN SAVOIR PLUS


Audin Michèle, *Souvenirs sur Sofia Kovalevskaya*, Calvage et Mounet, 2008.

Bourbaki Nicolas, *Éléments d'histoire des mathématiques*, Springer-Verlag France, 2006.

Caveing Maurice, *L'Irrationalité dans les mathématiques grecques jusqu'à Euclide*, Les éditions du Septentrion, 1998.

Charpentier Eric, Habsieger Laurent et Nikolski Nicolaï, *Leçons de mathématiques d'aujourd'hui*, Cassini, vol. 1 et 2, 2003 ; vol. 3, 2007.

Cogis Olivier, Robert Claudine, *Théorie des graphes. Au-delà des ponts de Königsberg, Problèmes, théorèmes, algorithmes*, Vuibert, 2003.

Demazure Michel, *Cours d'algèbre : primalité, divisibilité, codes*, Cassini, 1997.

Dieudonné Jean, *Abrégé d'histoire des mathématiques*, Hermann, 1986.

Galois Évariste, *Œuvres mathématiques* (E. Picard 1897, J. Tannery 1906-1907), Jacques Gabay, 2000.

Gould Stephen Jay, *Le Sourire du flamant rose*, traduit de l'américain par Dominique Teyssié avec le concours de Marcel Blanc, Seuil, 1988.

Hardy G. H., Wright E. M., *Introduction à la théorie des nombres*, traduction de François Sauvageot, introduction de Catherine Goldstein, Vuibert-Springer, 2006.

Héraclite, *Fragments*, texte établi, traduit, commenté par Marcel Conche, PUF, 1986.

Hindry Marc, *Arithmétique*, Calvage et Mounet, 2007.

Krivine Jean-Louis, *Théorie des ensembles*, Cassini, 2007, 2e édition.

Pascal Blaise, *Œuvres complètes*, Gallimard, coll. « La Pléiade », 1991.

Stubhaug Arild, *N. H. Abel et son époque*, traduit par Patricia Chwat et Nicolas Puech, Springer-Verlag France, 2004.

Yor Marc (éd.), *Aspects of Mathematical Finance*, Berlin, Springer, 2008.

# TABLE DES MATIÈRES

DU MÊME AUTEUR

CHEZ ODILE JACOB

*L'Aventure des nombres*, 1997.

Cet ouvrage a été mis en pages par
Le vent se lève... – 16210 Rioux-Martin

Achevé d'imprimer par SAGIM en janvier 2011
à Courtry (Seine et Marne)

N° d'impression : 12209
N° d'édition : 7381-2322-X
Dépôt légal : janvier 2011
*Imprimé en France*

L'imprimerie Sagim est titulaire de la marque Imprim'vert® depuis 2004